実践UXデザイン

―現場感覚を磨く知識と知恵―

松原 幸行 著

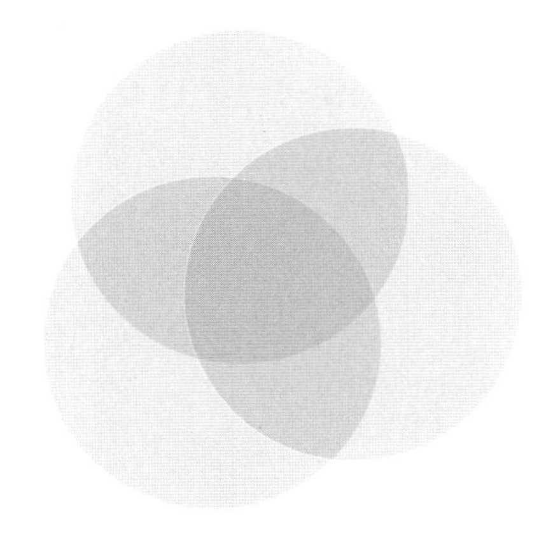

近代科学社

◆ 読者の皆さまへ ◆

平素より，小社の出版物をご愛読くださいまして，まことに有り難うございます．
（株）近代科学社は1959年の創立以来，微力ながら出版の立場から科学・工学の発展に寄与すべく尽力してきております．それも，ひとえに皆さまの温かいご支援があってのものと存じ，ここに衷心より御礼申し上げます．
なお，小社では，全出版物に対してHCD（人間中心設計）のコンセプトに基づき，そのユーザビリティを追求しております．本書を通じまして何かお気づきの事柄がございましたら，ぜひ以下の「お問合せ先」までご一報くださいますよう，お願いいたします．

お問合せ先：reader@kindaikagaku.co.jp

なお，本書の制作には，以下が各プロセスに関与いたしました：

・企画：小山 透
・編集：安原悦子
・組版：tplot inc.（InDesign）
・印刷：大日本法令印刷
・製本：大日本法令印刷
・資材管理：大日本法令印刷
・カバー・表紙デザイン：tplot inc. 中沢岳志
・広報宣伝・営業：山口幸治，東條風太

序 文

本書『実践UXデザイン ー現場感覚を磨く知識と知恵ー』は，デザインの手法やプロセスを解説した，いわゆるメソッド本ではない．UX（User eXperience，ユーザーエクスペリエンス）デザインに関する手法やプロセスを詳しく解説した書籍は，すでに多数存在するので，本書にそのような内容を求めると，期待外れとなるであろう．

UXデザインの習得は，手法やプロセスなど専門的な知識以外に，仕事をする上で実践的な知恵やビジネス知識が必要である．その根拠として，著者は，多くの実践者の方々から，実践面での問題について声を聞いている．たとえば「経営層の説得が難しい」とか「UXデザインのプロセスと既存の開発プロセスをどう統合したら良いか分からない」などである．このような指摘を受けて，本書では，「経営」や「関連部門・分野」との関係を重要と考え，それぞれ，第2章，第3章とした．また「最新技術」をどう咀嚼（そしゃく）するかも大事と考え，第4章とした．また，第5章「クリエイティブ脳を使う」では，直接UXデザインとは関係ないが，現場での実践において重要な知識を取り上げている．また，第6章から第8章までは，これからのUXデザインにとって必要なものは何なのかを意識しながら，著者なりの視点で，知識や知恵を掘り下げている．

経営者の理解や開発プロセスは，企業固有のものであり，企業文化へも大きく依存する．つまりメソッドとして一般化しにくいのである．本書は，そのような一般化しにくい現場の知識や現場感覚を大事にしながら，著者の40年にわたる実務経験を基に，実践上必要となるであろう知識や知恵をまとめたものである．

本書のような書籍の問題点は，現場での知識と知恵が多く得られる反面，体系だった理論が得にくいことである．読者の皆さまは，そのあたりを踏まえ，ご自身のUXデザイン実務との兼ね合いを埋めながら，本書を一読いただければ幸いである．

より体系的な知識を得たい場合は，同じ近代科学社から出版されている「HCDライブラリー」シリーズの併読をお勧めする．現在まで,『第0巻 入門編』,『第1巻 基礎編』,『第2巻 海外事例編』,『第3巻 国内事例編』が発刊されており，デザインや評価，マネジメントなどについても順次発刊される予定である．

なお，本書の執筆にあたっては，近代科学社の小山透氏と安原悦子氏に多大なご尽力をたまわった．また妻，松原順子は、私のハードワークを日々支えてくれた．この場を借りて深く御礼申し上げる．

2018年6月
松原 幸行

目 次

第1章 UXデザインを実践する

第2章 経営との関係に配慮する

第５章 クリエイティブ脳を使う

第６章 未来志向のUXデザインを考える

第７章 社会現象，社会行動に敏感になる

第1章

UXデザインを実践する

「Design」という言葉の解釈から「デザイン」の期待役割を読みとき，UXデザインの役割遂行と支援について，デザイン思考プロセスとの関係，および，実践における重要な視点を解説する．

1-1. デザインという言葉の定義

英語の「Design」と日本語の「デザイン」とは，かなり意味が異なる．日本の場合，英語を翻訳し日本語であるカタカナ語を作る際の問題として，1つの単語に1つの意味を当てはめてしまう傾向にある．明治のはじめに「Design」という言葉が日本に入ってきたとき，日本語に「意匠」という言葉を当てはめてしまった．このため，今まで多くの人々が「デザイン=意匠あるいは意匠設計」と思い込んでいる．本来は「企画し設計する」という意味だが，「企画」という意味合いが薄まってしまった．デザイナー自身はもとより，周囲の開発者やマーケッターでも，いまだに誤解している人がいる．

たとえば，日本で著名なプロダクト・デザイナーでさえ（この言い方もすでに死語ではあるが）デザインの芸術的側面をおもんぱかるあまり，主に追求しているのは美的象徴性であったり，造形美だったりする．また“とにかくシンプルにすること”と短絡的に捉えている人もいる．社内の要件定義書（要求仕様をシステム仕様に反映したもの．執筆者は主にシステム・エンジニア）にも，デザインの要件が「カッコいいデザイン」と述べられていることもあるくらいである．これでは要件が明確でないままデザインが施されてしまう．

その後，「デザイナーがデザインするとコストが高くなる」と，デザイン側と開発設計側の間に妙な対峙関係が生まれ，デザインという言葉から，「企画し設計する」という意味合いがさらに薄くなってしまった．不幸なことである．今こそ我々は，デザインの真の意味を再認識しなければならない．それがUXデザインやデザイン思考に取り組む第一歩であると考える．

どうも日本のデザイン界は，プロダクト・デザインとかグラフィック・デザインというように，自ら守備範囲を限定して育ってきたところがあり，このマイナス面が出ているように思う．「プロダクト・デザイナーは，製品の意匠（色・形）を魅力的に再構築すればよい」と，モノをスタイリッシュに造る役割に自己統制してきた．米国のグラフィック・デザイナーで計算機科学者，大学教授，作家でもあるジョン・マエダ（John Maeda）氏はこれを「古典的な意味のデザイン」と称している（1-3節参照）．現代では，デザインを分野で細分化するやり方は，「古典的な考え方」ということになる．デザインといえば，「製品やシステムやサービスを企画し設計すること」なのであるから，製品やシステムやサービスの全体像を俯瞰的に理解できなければならない．デザイナーは，自らの役割を「モノの見え方から使い方や動作，ユーザインタフェースの画面遷移に至るまで，トータルにデザインする人」と言ってもよいのである．

2000年代から発生したサービスデザインによって，いわゆるUXデザイナーが出現し，プロダクト・デザイナーや開発者たちとクロスオーバーな役割遂行が始まると，プロダクト・デザイナーがUXデザイナーと対峙する関係になってしまうという，不幸な状況もみられるようになってしまった．今こそ，これまで分野別に存在してきたデザインを，総合的な役割に再定義し，再認識すべきである．昨今はさらに「デザイン思考」が普及し始めている．ここでいうデザインとは，企業の課題解決のプロセスにほかならない．

1-2. UXデザインの意味

著者は，デザインとは，「すべての人為的なものに対する企画・設計」であると考えている．製品の意匠についても，どんな意匠にするかは企画の問題であり，実際に意匠を施すのは設計である．すべての人為的なものの中には，サービスも，社会的な制度や政策も含まれる．「明日ディズニーランドへいこうか」というのは計画だが，もう少しブレークダウンして「ランチはブルーバイユー・レストランを予約して，エレクトリカル・パレードではミニーのコスチュームを着てお城の北側で観る」と話を進めれば，これは立派な企画であり，ユーザーが自らUXデザインを行っているのである．

たとえば，UXデザインを担うデザイナー（以降，デザイナー）は，「ディズニーランドで過ごす1日」という経験を企て，ミニーの帽子をデザインし，パレードカーをデザインし（またはオリエンタルランドに要件定義書を提示し），プロジェクション・マッピングの演出やパレードの工程について統制されたシナリオを提示するのである（そうあってほしい）．

つまり，UXデザインとは，ユーザーの経験（たとえば，ディズニーランドで過ごす1日など）をより良くするための仕組み・仕掛けを企画・設計することである．ユーザーは，デザイナーが企画設計したとおりに経験してもよいし，自分流にカスタマイズして楽しんでも，もちろんよい．逆に言えば，システムやサービスにはカスタマイズできるような柔軟性があったほうがよい．お仕着せの経験をテンプレート化しても満足しないユーザーが必ずいる．製品が十人十色と言われて久しいが，経験も十人十色の時代である．経験するのはユーザー自身なので，所詮，経験そのものは作れない．“経験の企て”の中で，ユーザーが経験そのものを作る（＝経験する）のである．

「Experience」の意味としては，「経験」の他に「体験」という訳もある．UXデザインを「ユーザー体験のデザイン」と解釈する向きもあるが，注意したほうがよいと思う．インタラクション（Interaction）という言葉があり，「相互作用」とか「相互交流」の意味であるが，製品やシステム側から見ると，「ユーザーが“自分たちを”体験する」ということになる．したがって，モノ作り主体の企業では，「Interaction」を体験と捉える傾向もあり，その中においては「UXデザイン＝ユーザー体験のデザイン」とするとインタラクションと同じ意味と捉えられ混乱する．経験全体の中でシステムをインタラクションする部分は，いわば「マイクロUX」というべきものである．経験（UX）はマイクロUXの連続であると考えると分かりやすい．

UXデザインの活動でリサーチャーやエンジニアと役割分担しなければならないときは，ユーザー経験として核になるものは最低限示し（たとえばエクスペリエンス・マップなど），関係者と連携しつつ全体を企画・設計すべきである．ただし連携であり，丸投げではない．進捗レビューの際は，意図したエクスペリエンスに対しての達成度を確認し，必要な指摘を行う．つまりHCD（Human Centered Design，人間中心設計）でいうところの「調停する役割」が重要となる．エクスペリエンス・マップは作れるが調停の実態はよく分からない，という方は，まず社内組織をチェックし，独特な文化・習慣(不文律という）を理解し，関係部門のキーマンを特定すべきである．特に難しいのは社内の「不文律」，たとえば，

- **配布資料は，A 3サイズで1枚のみと，（社内で）決められている．**
- **発表時間は1件10分以内．**
- **各部門の推進者は議題を決定する権限を持っている，など．**

等々である．こういう不文律とキーパーソンが分かれば，後はタイミングと熱意である．調停の際の立ち回り方は第3章，行動指針については，8-1節を参照されたい．

ポイント

001. デザインとは，すべての人為的なものに対する企画・設計である．

002. UXデザインの意味は，「ユーザーがより良い経験をするための仕組み・仕掛けをデザインすること」である（経験するのはユーザー自身なので，経験そのものは作れない）．

003. エクスペリエンスの意味は「経験」である（体験は少し狭い意味となる）．

1-3. デザイン思考とは

デザイン思考は課題解決のためのプロセスである．

マエダ氏は「デザインは3つに分けて考えるべきである」と述べている［1］．その3つとは，次のようなものである．

- **古典的な意味のデザイン**
- **ビジネスとしてのデザイン**
- **テクノロジーとしてのデザイン（＝コンピュテーショナル・デザイン）**

そしてビジネスとしてのデザインというのが「デザイン思考」であると指摘している．つまり，デザイン思考とはビジネスをデザインすることに他ならない．著者がマエダ氏と話した際の感想では，かの有名なデザイン理論「Simplicity」は，「デザイン」の要素のみならず他の2つに対してもかかっているという印象であった．

デザイン思考のビジネスへの応用は，米コンサルティング会社のIDEOを創立したデイビット・ケリー（David Kelley）氏が最初に提唱したものである．IDEOではこの思考方法を経営に当てはめることで，さまざまなクライアントに対して経営課題の解決をコンサルティングしている．この活動によってデザイン思考の重要性は広まっている（図1-3-1参照）．

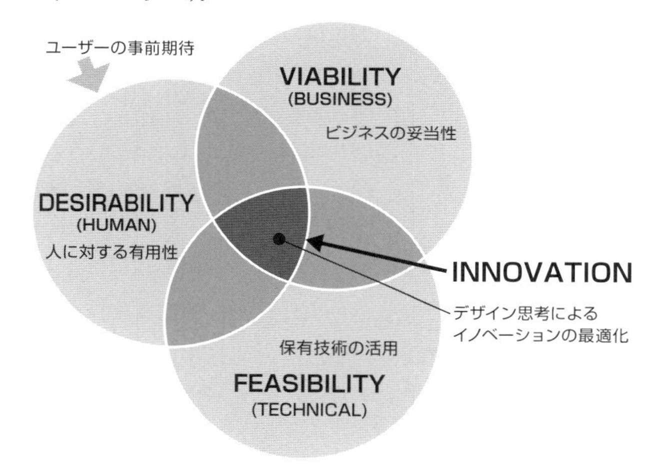

図1-3-1　デザイン思考
“IDEO-U”のブログより引用（https://www.ideou.com/pages/design-thinking）

デザイン思考で大切なのは「ユーザーの期待」と「経営としての価値」と「保有技術」である．デザイン思考では，最初に，ユーザーの期待を把握するところからスタートする．その上で把握したインサイト（洞察）を基に，保有技術をうまく活用しつつ，新しい経営の価値は何なのかを追求するのがデザイン思考プロセスである．つまりは次の3つが大事となる．

- ユーザーの期待を洞察する力
- 自社の保有技術を知り，コア・コンピタンス（他社と比べて競争力のある技術）を生かす力
- 経営の価値を中長期的に定める力

デザイン思考において中心に据えるべきものは，生産性とかコストなどではなく，人間である「ユーザー」である．このいわば「人間中心」という概念は，企業においては「ユーザー中心」とか「顧客中心」と言い換えてもかまわない．著者の経験でも，「人間中心設計」という言葉がすぐに理解できなかった人がいた場合，「顧客中心設計」と言い換えたら割とスムーズに理解を得られた経験がある．HCD（Human Centered Design，人間中心設計）ではなく，CCD（Customer Centered Design，顧客中心設計）でよいのである．何もHCDという言葉にこだわることもない．

気をつけるべきは，ただ顧客の意見に従えばよいというものではない，ということである．「飽食の時代」と言われる現代の顧客はすでにかなり満たされていて，“新たなニーズ”などは聞いてもなかなか言葉にはできない．だから観察したりインタビューしたりして，心の中に潜在的にある，“言葉にできないニーズ”（＝インサイト）を引き出さなければならないのである．お客様相談センターに届くクレームへの対応というのは必要なことだが，それをやったからといって十分ではないのである．

btrax社のCEOであるブランドン・ヒル（Brandon K. Hill）氏はデザイン思考に次のような可能性を見出している［2］．

- **いかなる種類のビジネスにも活用可能であること．**
- **いかなる部署/役職においても活用可能であること．**
- **スタッフ全員がそのプロセスに参加可能であること．**

たとえば「新製品の外観」というような古典的なデザインの対象ばかりでなく，新規の事業展開をどのように行うかとか，より横断的な組織は作れないかなど，経営やマネジメントの課題にもデザイン思考プロセスは有効であるということである．つまりビジネスの可能性を広げるものであり，サステナブルな手段であるとも言える．

またデザイン思考は課題解決のプロセスであると述べたが，それは企業ばかりでなく，学界や行政の現場の課題にも適用できる．また災害からの復興など複雑な社会的課題にも適用できるものである．

ミラノ工科大のデザイン学部長であるルイーザ・コリナ（Luisa Maria Virginia Collina）氏は，デザインというのは，イタリア語では「Progetto」であると明言していた．「プロジェクト」の意である．したがって，デザイナーは，プロジェクトリーダーでなければならないとも言う．もはやDesign Doingではなく，Design Thinkingの時代である．そう考えると，デザイナーがデザイン思考プロセスを牽引するのは至極当然とも言えるのである．

1-4. デザイン思考に関する ノーマン氏の示唆

ユーザビリティ界で世界的に有名な認知心理学者であるドン・ノーマン（Donald Norman）氏は，「ダブルダイヤモンド・モデル」と「人間中心デザイン」がデザイン思考の道具であると述べている［3］．ノーマン氏の言うダブルダイヤモンド・モデル［4］とは，発散

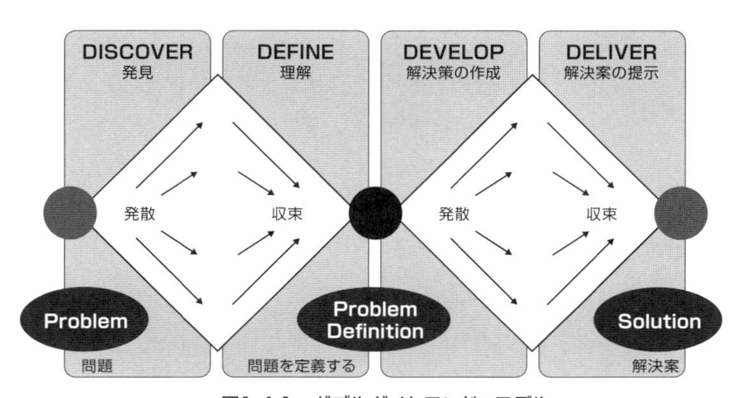

図1-4-1　ダブルダイヤモンド・モデル
“INNOVATION AND ENTREPRENEURSHIP IN EDUCATION”より引用
（https://innovationenglish.sites.ku.dk/model/double-diamond-2/）

と収束という2つのプロセスを模したもので，英国のデザイン協議会が2005年に発表したものである（図1-4-1参照）．

ダブルダイヤモンド・モデルでは，前半は発散・収束により問題を特定するフェーズとしている．その上で問題を特定し，後半はふたたび発散・収束を繰り返し，問題の解決策を導くフェーズとしている．この2つのフェーズそれぞれで，アイディアを出して（発散）プロトタイプを作り評価する（収束）というプロセスを回すことを求めている．

ダブルダイヤモンド・モデルは，「発想とプロトタイピング」についての指針となるものである．つまり，デザイン思考プロセスを導入する際には，プロセスの基本に据えなければならないものであり，活動の根幹であるとも言える．まずダブルダイヤモンド・モデルがあり，その中で具体的な活動をセッティングするのだ．そしてノーマン氏が言うとおり，「人間中心」という考え方が柱になる．つまり，土台がダブルダイヤモンド・モデルで，親柱が人間中心デザインであるような，構造を持っているとも言える．

IBMでは，自社内でデザイン思考を普及させる機会として「THE LOOP」という活動を推進している．3カ月ほどのブートキャンプ形式だが，その課題は架空のプロジェクトではなく，実際の受託案件である．このブートキャンプにエンジニアとかインターン学生なども参加し，実際のプロジェクトの中でデザイン思考を学ぶことが特徴のようだ．この活動を通じてデザイン思考の社内への普及とクライアントへのコンサルティングの2つを同時に行っているかたちである．

IBMのデザイン部門長であるフィル・ギルバート（Phil Gilbert）氏は，IDEOの「デザイン思考5つのステップ」のようなプロセスの雛形があっても何も役に立たないと言う．また，5つのステップである「共感，問題定義，アイディア出し，プロトタイピング，検証」のうち，「問題定義」は「問題を理解する」ということに置き換えたほうがよいと言う．理解は日々刻々と変わるものであるから，昨日観察して，今日理解して定義し，明日アイディア出しする，というような紋切り型ではデザイン思考は身につかないという．

確かに，人によって理解のスピードは異なるし，日々理解は深まっていく．アイディア出しやプロトタイピングしながらも新たな理解が生まれるわけだ．そのような“新たな理解”をどう取り込むかを考えておく必要がある．よくプロジェクトルームなどで見かける「全面ホワイトボードの壁」や「ピンナップボード」はこのような目的のために使用すべきである．これらに何も情報が掲示されていない状態は，生きたデザイン思考になっていないか，不適切な場所にそれがあるかのどちらかであろう．

ポイント

004. デザインには古典的な意味でのいわゆるデザインと，ビジネスとしてのデザインと，テクノロジーとしてのデザインという3つがある．

005. デザイン思考で大切なのは，①ユーザーの期待を洞察する力，②自社のコア・コンピタンス（競争力のある技術）を生かす力，③経営の価値を中長期的に定める力の3つである．

006. デザイン思考プロセスの土台はダブルダイヤモンド・モデルであり，柱となるのは人間中心デザインの考え方である．

007. デザイン思考プロセスは,「理解」の取込み方（アップデートする方法）を重視すべきである．

1-5. 仕事のツール

UXデザインに必要な仕事のツールは，活動の目的や内容によって選択するべきであるが，自分にとって使いやすいかどうかということも同時に考えたほうがよい．評判が良いからといって使いにくいものを使い続けることは，生産性を低下させる要因となる．自分に合うかどうかというのは大事な選択基準である．ツールの中でもITツールは日々進化している．使いやすいかどうか，使えるか（用途にとって必要十分か）などについて試行錯誤してほしい．ツール探しに終わりはない．

ツールの種類は，基本的には次の3点に分類できる．

1. **IT系か，非IT系か**
2. **一次作業用か，まとめ用か**
3. **フェーズに特化したものか，汎用的なものか**

IT系を使用するか非IT系にするかは，その人のリテラシーとか好みの問題とか，後工程のツールとの関係など，色々な要素があるが，選択基準は概ね次のようなものである．

- **ITリテラシーの高低**
- **次工程との関係**
- **用途（現場調査の有無など），など．**

ITリテラシーが高い人は，IT系ツールを駆使してみるとよい．特に，プロジェクトチーム内で情報共有したり，次の工程へ情報をスピーディーに受け渡したりしたい場合などは，IT系ツールのほうが有利である．特にUI（User Interface，ユーザインタフェース）開発の場合は，次工程のUI開発ツールへ正確にデータインポートできるデザインツールであることが重要である．一方，エスノグラフィなどの現場観察などには，IT系ツールは不向きである．
一次作業とは，現場観察時の記録とか，お客様の声をまずPCに取り込むなどの包括的な作業を指している．一次作業用とまとめ用の2つを兼ねられるツールは意外と少ない．無理に1つのツールで対処しようとすると，うまくいかないばかりか，必要な情報が隠蔽されてしまう．特に，観察や調査などの一次作業は，その作業の中でインサイトに気づくこともあるということに留意すべきである．
フェーズ特化型か汎用的なものにするかについては，後述する．フィールドワークの節を参考にしていただきたいが，チームが必要とする調査項目・内容がもれなく調査できるような仕組みを作り，フォーマット化するとよい．それを調査のための汎用ツールとして複数の調査で使用することで，結果の比較なども可能となるし，何よりも経験の浅いメンバーの成長を助けるものとなる．文房具でもスマートフォンアプリでも，市販されているいわゆる汎用ツールは，手軽だが過不足がある場合が多い．しかし，エスノグラフィを豊かにするには，クロッキー帳でビジュアルな記録をすることなどは大変意味のある方法である．
次に，いくつかのシーンに合わせて実践的なツールを解説する．ただし，すべてのUXデザイン活動をカバーしていないし，著者の個人的な好みとなってしまうかもしれない．その辺は割り引いて参考にしていただきたい．

①フィールドワークのためのツール

エスノグラフィ（文化人類学における民族調査を起源とし，フィールドで生起する現象を記述しモデル化する手法．訳語は民族誌）やコンテクスト・インクワイアリー（文脈質問法とも呼ばれる，ユーザーの利用状況を調査する方法の1つ）を行う際には，現場で筆記記録するためのツールが必要である．手に入る大きさのメモ帳や小型のクロッキー帳などでもよいのだが，もう少し気の利いたものが欲しい．また，用紙は方眼目のタイプがよい．エスノグラフィでは見取り図を書いたりするし，表を作る際も方眼目のほうが便利だ．

筆記用のテーブルがないことも考えて，A5サイズ程度の画板を使用してもよいのだが，紙を外すとバラバラになってしまい，意外と使い勝手が悪い．どうしても用紙を使いたいのであれば，せっかく観察を行うのだから，観察の視点をあらかじめタイトルとして印刷した専用紙を用意すると，記録の際の手間が省けて効率が良い．見落としなども防止できる．タイトルを入れるだけなので，半構造化インタビュー（インタビューの方法論の一種．設問項目の粒度を大きめに分類し，自由回答も積極的に取得する余地を許容するインタビュー）の際に使用する質問紙のような感じである．特にコンテクスト・インクワイアリーを複数件行うような場合には，観察の視点をフォーマット化しておくと，後で比較検討などがしやすくなる．

②アイディア出しのためのツール

付箋紙は手軽だし壁にも貼れるし色も付いていて便利なのだが，実は，アイディア出しのためにはサイズが小さい．サイズが小さいと，

タイトル（アイディア名称）	発案日
	発案者
	分野
	カテゴリー
	利用技術

図1-5-1　アイディアシートの例

アイディアの詳細を書くことでアイディア間の比較検討や流用を容易にする．将来の知財化などにも使用できる．

その範囲の中での冗長な表現となってしまう．イラストや説明文を書いたりすることを考えると，A4サイズぐらいは欲しい．よくコピー用紙などを使用する場合もあるが，アイディアを出した日付や分類を助けるための表記，発案者などを記録することを考えると，これらのタイトルと罫線枠をフォーマット化しておくほうがよい．アイディアは，新規技術開発に結びつく場合には，後で知的財産権登録することもありえる．そのようなことも考えると，発案の年月日と発案名の記録は必要不可欠である（図1-5-1参照）．

③ペルソナ

ペルソナは，提供する製品やサービスの対象となる，最も重要で象徴的なユーザモデルを可視化したものだ．ペルソナを作成しプロジェクトチーム内で使用する方法であるが，自立できるような等身大サイズの人型立て看板を用意してはどうだろう．ペルソナは人であるので，自立していると存在感があってよい．もちろん，ペルソナ自体は，すでにポスターとして掲示できるような状態で完成していることが前提である．プロジェクトチームの会議などの場合は，あたかも“対象ユーザーがそこに居る”ように会議室の隅に立てかけておく．

また電子画像としてアバター化し，プロジェクト内に発信する資料などに画像挿入したり，グループチャットでペルソナに扮してつぶやいてみたりするなども，微笑ましく，かつ臨場感があってよい．

④記憶を拡張する，または補完する汎用的なITツール

Evernoteは，記憶を拡張するツールとしては便利なものである．また従来からメールと連携する機能やプレゼンテーション機能はあったが，最近はブログ公開ツールPostach.ioとも連携しており，情報発信の機能も拡張してきた．Postach.ioと連携すると，Evernoteにpublishedというタグを付ければウェブ公開できる．ウェブサービス間で連携するというのは記憶を補完する意味では非常に大切で，Evernoteで検索機能を使用し，ブログ化したりエッセイを書いたりするシーンでは，この連携によりストレスが少なくなる．

⑤アクション管理機能

EvernoteのToDo管理機能はあまり使い勝手が良くないので，他のツールを探したほうが無難である．著者は，以前はAppleのリマインダーを使用していたが，同期が遅いのと機能が物足りないので使用をやめてしまった．他に，Trello，Asana，Jooto，Producteev，Jotana，Smartsheetなどさまざまなウェブサービスを試したが，機能とインタフェースの両方が良いというものが意外となく，一長一短である．これらの中ではTodoistは手動で同期できるしEvernoteとの連携もまあまあであった．そんな中で，最後に出会ったのがGoogleのKeepである．もしGoogleドキュメントを使用している方であれば，これは連携性も優れており，ストレスが少なく有用である．ただ，やはり仕事へのフィットは感はいまひとつで，ToDoツールは自分で作るしかないのかもしれない．

非IT系ツールとなるが，完全手書き形式の「ボレット・ジャーナル

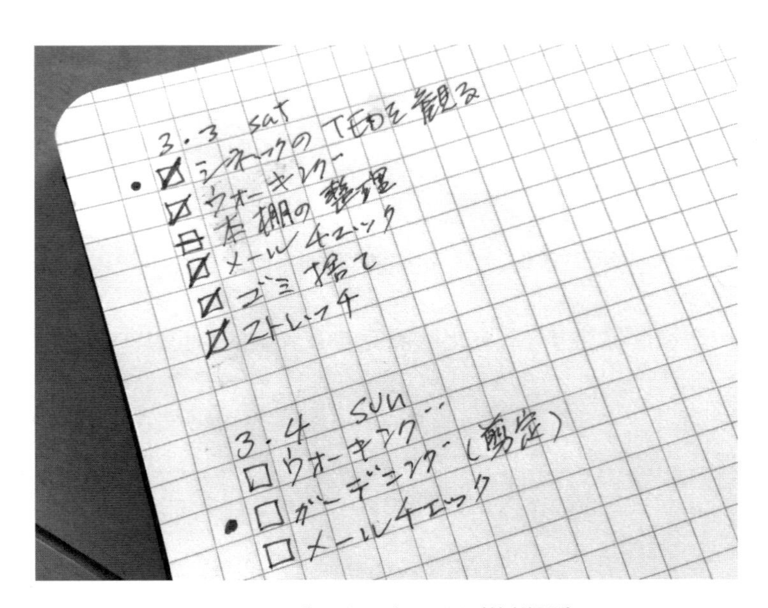

図1-5-2 ボレット・ジャーナル（著者撮影）

アクションを月次・日次で箇条書きにし，終了したらチェックする．
重要なアクションには黒点をつける．

(Bullet Journal，アクションを箇条書きし，チェックリスト化するもの，図1-5-2参照)」には好感が持てる．ただ単に，アクションを，月次レベルから日次レベルへ振り分け，箇条書きふうにリストアップしていくだけである．シンプルで，手書きの良さを見出すこと間違いなしである．

プロジェクト管理ツールも，Backlog，ブラビオ，Basecampなどを試したが，結局は軽量なチャットツールであるSlackに落ち着いている．とにかく，あまり複雑な機能は必要なく，シンプルなものを組み合わせるのがよいようである．

結局，仕事のツールというものは，自分の仕事を知り，それに対して一番フィットするものを選ぶしかない．そのためにはいろいろ試してみるしかない．インタフェースにこだわる人は特にそうである．ITツールやサービスに合わせて仕事の仕方を変えるのは無理があり，続かない．一方で，生産性向上のために仕事の仕方を考えることは重要である．

ポイント

008. ツールの種類は，IT系か非IT系か，一次作業用かまとめ用か，フェーズに特化したものかそうでないか，などによって分けられる．

009. フィールドワークには手持ちで筆記できるようなものを用意し，大まかな観察対象をタイトル化したようなものが有効である．

010. アイディア出しには，A4サイズで発案の年月日や発案者を明記する．

011. 等身大サイズの人型立て看板型ペルソナや，ペルソナのアバター化が有効である．

012. 仕事を支えるITツールやサービスは自分の仕事に一番フィットするものを選ぶ．

013. そのためにはいろいろなITツールやサービスを試してみる．

1-6. チームワークを成功させる要素

チームワークの成功に必要なのはチームワークのデザインである．それはチームそのもののデザイン（組織化）と，連携の仕方に関するデザインの2つに分けられる．

HBR（Herbert Business Review）の2016年12月号に「チームワークの4要素」というのが載っている．次の4つである．

- **多様性（Diverse）：多様な職種や経験を持つ人を集める．**
- **分散（Dispersed）：分散した場所でのコラボレーションも排除しない．**
- **デジタル（Digital）：デジタル環境を駆使する．**
- **動的（Dynamic）：ダイナミックに活動する．**

これらは，近年の傾向として至極当然なことのように思える．ただ，何よりも先に大事なのは「達成することに意義を見出せる目標」を設定し共有することだと書いてある．これがチームワークをデザインする際のポイントである．遠隔地コラボレーションのシステムはたくさんあるが，もっともらしい形式や仕組みを導入しただけではうまくいかないのは明白である．

達成することに意義を見出せる目標とは何か．簡単に達成できてもいけないし，難しすぎてもいけない．また，一部の人だけが意義を感じるものでもよくない．そのあたりの“頃合い”が難しい．全員で共有するためには，目標はなるべく数値のほうがよいが，必ずそうでなければならないというわけではない．要は明解であり納得感があること．明解という意味には，上位組織の目標にも合致していることと，メンバー全員が意味を分かる（誤解がない）ということの2

つがある．

まず，チームはあまり大きくしないほうがよい．大きくしすぎると，コミュニケーションが不調になる．傍観者や，分裂や，いわゆる“ただ乗り”（情報だけ持っていく）などが発生する．大きくしないほうがよいので，もし1人追加する場合は，代わりに誰か1人をチームから除くようにする．これはなかなか難しいが，マネージャーの役割として考えればよい．また分業は意欲を失わせるので，タスクの区切り方は注意したほうがよい．

必ず守るべきルールは，開始時間の厳守と，会議で全員に発言させせることである．けっしてやってはいけないのは，話を遮ることや，混乱を招く行動（情報を隠す，他のメンバーに圧力をかける，責任を回避する，人のせいにする）である．チーム活動の行動規範をつくり，定期的に確認し合うとよい．行動指針については8-1節を参照のこと．

支えとなるコンテクストを考えること．つまり適切な支援体制，情報システム，研修教育システム，物的支援，技術支援，資金などなど，マネージャーはこれらをセッティングしなければいけない．ただ「分かっちゃいるけど，なかなか難しい」というのが本音であろう．そこをどれくらい踏んばれるかが，マネジメント力である．

さらには，チーム活動そのものに，さまざまな葛藤がある．社会的手抜き（自分の貢献度が低くても集団で補ってもらえるだろうと考え、貢献が最小限になるにもかかわらず重要なことでも発言しない），生産の抑制（1人が話しているとき，他のメンバーは聞いていなければならない．それによって自分が提案するつもりだったアイディアから意識がそれたり外れたり，話す気をまったくなくしてしまう），評価に対する不安（ブレインストーミングのセッションでは，アイディアの評価はたいてい後のほうで行われるが，実際は自分がアイディアを口にしたと同時に，おのおのが心の中で反応することを覚悟している）などである．チームワークのデザインは，これらを乗り越えて成し遂げる必要がある．

ポイント

014. チームワークを成功させるための4要素は，①多様性(Diverse)，②分散(Dispersed)，③デジタル化(Digital)，④ダイナミック(Dynamic)の4つである．

015. チーム活動に大切なのは「達成することに意義を見出せる目標」を設定することである．それは明解であり納得感があること．

016. 必ず守るべきルールは，開始時間を守り，全員に発言させること．避けるべきは，話を遮ることや混乱を招く行動である．

017. 支えとなるコンテクストを用意する（適切な支援体制，情報システム，研修教育システム，物的支援，技術支援，資金，など）．

018. 「社会的手抜き」や「生産の抑制」，「評価に対する不安」などに留意すること．

1-7. 小さな問 ～UIのトップメニュー一考～

いきなり大脳新皮質の話で恐縮だが，この脳の部位（外側の新しい脳）は，“大きな変化”を好むそうである．一方，習慣は大脳基底核（中心に位置する古い脳）がつかさどっている．つまりこの古い脳は「変化＝恐怖」と判断して，新しい脳の指令を拒もうとするらしい．たとえば，ダイエットするときは「5キロ痩せるぞ」と（大脳新皮質で）思うわけだが，大脳基底核が変化を拒み，習慣を維持しようとする．ダイエットが続かないのはこのためだそうだ．したがって，ダイエットはなるべく“小さな目標”にしたほうがよいという．

カーネギーメロン大学のジョージ・ロウーウェンスタイン（George Loewenstein）氏は，好奇心が生まれるのは「知識の隙間」を発見したときだと言っている．確かに，電車の中で考え事をしていて注意がそれた瞬間（＝知識の隙間）に，他の人が携帯でしている会話をつい聞いてしまう経験をされた方もおられるだろう．

知識の隙間を発見するには，「小さな問い」や「小さな挑戦」を考えるとよいそうだ．大きな挑戦では，拒絶反応が起こるので，無理のない小さな挑戦や問いを続けたほうが，結果的には変化を獲得できる．高校野球の放送で出場校の紹介があるが，これも興味へつながる小さな問いを提供しているといえる．またスマートフォンのゲームに夢中になるのは，小さな挑戦がたくさんあるからである．これは，後述する，パースウェイシブ・テクノロジー（説明不要なデザインを実現する技術）にも通じることである．

「パースウェイシブ・テクノロジー」とは，操作方法の説明不要なシステムやサービスを作る技術のことである[5]．米国スタンフォード大学のB.J.フォグ（B. J. Fogg）氏が提唱している．たとえば，住宅街のスピードバンプ（集合住宅地域の入り口で，盛り上がった形状のある車道のこと）は，特に説明しなくても自動車は減速して通過する．このような結果を導くためのさまざまな技術的な解決策，つまりパースウェイシブ・テクノロジーを用いたデザインを「ビヘイビアデザイン」という．ビヘイビアデザインで肝心なのは，最初の“敷居を低くする”ことである．低くすることには，数を減らすということと，できるだけシンプルにする，ということがある．最初の敷居が低ければ負担を減らすことができる．いきなり手に余るような情報を出さず，3つとか4つという程度の選択肢を出す．

数の手がかりは，短期記憶を促すチャンク数（記憶情報量として認識できるまとまりの数）の研究に求めることができる．米国の心理学者ジョージ・ミラー（George Miller）氏が，1956年に，短期記憶の制約として提唱した「マジカルナンバー7±2」である．その後，これはあまりにもラフな推定であるとの指摘があり，2001年にネルソン・コーワン（Nelson Cowan）氏が，改めて正確な容量限界として「マジカルナンバー 4±1」を提唱した．したがって現在では，短期記憶を促す適正なチャンクの数は「3 ～ 5」ということになっている．これと合致する数字の手がかりがもう1つある．日本で古くから使われている“三で作る慣用句”である．

日本人は,「御三家」「三種の神器」「三位一体」など，とにかく「三」でまとめることが好きで，三にまつわるラベリングは数多くある．感性の鋭い日本人は，コーワン氏のはるか前から，マジカルナンバーを知っていたということか．UIのトップメニューの数をチャンクと捉えれば，この日本のマジカルナンバーを当てはめれば妥当なものとなる．要は，負担を軽くし好奇心を刺激して興味をいだいてもらうために必要な配慮である．最初の刺激が大きすぎると，拒絶したり様子見してしまったりして，利用するのを断念しがちである．

一方，数が少なすぎると，どんなことができるシステムなのかがよく分からない．情報であれば，変化を感じることができず注目されないし，注目したとしても物足りなさが出てしまう点は注意が必要である．“小ささの程度”が大事である．その意味でも「三」という数字は誠に都合の良い，適当なものであるといえる．

ポイント

019.	好奇心を生むためには「小さな問い」や「小さな挑戦」を与えることを心がける．
020.	説明不要なデザインを「ビヘイビアデザイン」という．
021.	短期記憶の制約としての数（マジカルナンバー）は4±1である．
022.	日本式妥当数である「三」は「御三家」など古くから使われており，利用価値が高い．

1-8. 知をまとめる

知は，まとめてこそ「利用できる知」となる．逆に言えば，個人に内在するだけでは利用できず，物事・社会には貢献しない．個人も成長しない．そのため世間では，「集合知を活かす」ということが盛んに行われている［6］．また知は知を生み成長する．野中郁次郎氏も暗黙知と形式知という言葉を使って「知は新たな知を生む」と言っている［7］．

知をまとめる形式は色々あるが，一番はレポートである．著者がC社に移って一番驚いたのは，社内レポートを書かない文化であったことである．社内レポートとはつまり技術論文（Technical Report）や活動報告書や研究メモのことである［8］．著者が以前在籍したX社では，活動した成果を技術論文にし，自由に社内配布することができた．配布した結果，役員や他部門の部門長からコメントをもらい，大変感激したことがある．自部門の中だけで閉じていては，成長の機会も限られてしまう．特に知は，個人の成長の証であるとともに，企業が成長する源であるから，オープンに共有できる仕組みが作られるべきである．

X社の研究開発部門では，主任になると，研究開発担当の取締役が，直接，論文要旨の書き方を指導していた．これはとても良いことだと思う．論文の中では要旨が一番大切である．なぜなら，多くの人はまず論文要旨に目を通し，興味があれば本文を読むという行動をとるからである．一方，書くにあたっては，要旨が一番難しい．要旨は研究の概要であるが，研究の目的，問題，研究方法，研究結果，結論などを，短い文章の中に簡潔に書かなければならないからである．もう1つのレポートは，「ガイドライン」や「スタイルガイド」であるが，これらは技術文書に分類されるものだ．

ところで，PDCAというのはご存知であろう．仕事の計画(Plan)，実行（Do)，確認・評価（Check)，歯止め策の立案やまとめや次工程への申し送り（Act）のことであるが，このActには，レポートを書くことや，ガイドラインやスタイルガイドをまとめること，あるいは知財化などが含まれる．デザイナーの仕事として大事なのは，もちろん，良いデザインを生み出すことであるが，ビジネスパーソンとして考えれば，PDCAを回すことも同じくらい大事である．デザイナーは論文に苦手意識があるものだが，ガイドラインやスタイルガイドなら書けるし，デザイン知の共有にはむしろ向いている．その意味で，スタイルガイドをまとめることは賞賛に値するし，価値のある成果だと言える．そういう意味でマネージャーは，仕事が終わったときには，成果に基づいたガイドラインやスタイルガイドをまとめることを部下に促してほしい．

1-9. UXとUI

ユーザインタフェース（User Interface：UI）とユーザエクスペリエンス（User eXperience：UX）は，「UI/UX」などと併記されることが多く，分かりにくい．あまり意識せず使用されているが「UXとUI ってどう違うの?」という声もよく聞く．「UXは経験のことで，UIはインタフェースのことです」と言っても説明にはならないようで，依然として分かりにくい．経験はコトのことを言っており，UIはモノのことだと言ってもよいのだが，UIはインタラクション（相互対話）するためのものだから，「インタラクションって体験することでしょ?じゃ経験とどう違うの?」とますます混乱する．体験も経験も英語ではExperienceの訳語となるのだが，「インタラクション＝経験」とはならない（1-2節参照）．

インタラクションはモノではないけれど，まさにインタラクションするそのとき，その一瞬における体験を問題にしている．これに対してUXとは，体験が連続的に連なり時間軸を伴うまとまりのある経験（登山の経験とか，インターンシップ経験など）のことを指す．そこで1つ，UIとUXの違いについてとても分かりやすい例をあげてみる．

図1-9-1は，著者がよく使っていたビルのエレベーターである．エレベーターには，上下の移動階を指示するモノとしてUI（操作部）が備えられている．エレベーターは2基並んでいるのだが，それらエレベーターのボタン配列が異なるのである．もちろん両方とも，“シンプルで整然としたグリッドレイアウト”，つまり，いわゆる“良いデザイン”である．なぜ2基のエレベーターにある操作部のボタン配列が違うかというと，地階があるかないかで，1Fボタンの位置を変えてしまっているからである．

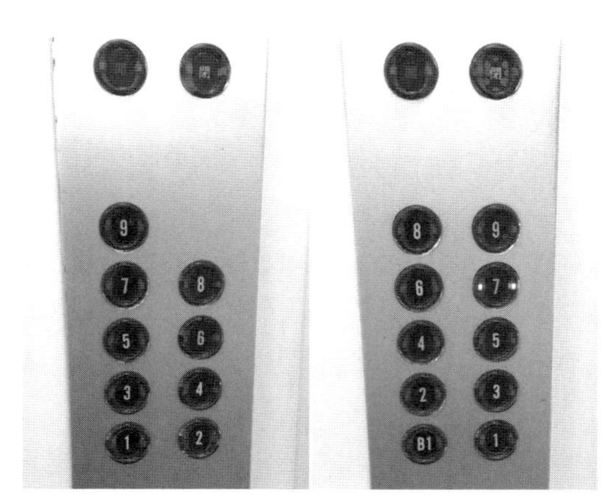

図1-9-1　某ビルのエレベーターのボタン配列（著者撮影）
（1Fの位置が異なる）

おそらく，このメーカーのエレベーター UIをデザインした人は，停止階の違うエレベーターが並ぶことを想定していなかったのではないか．片方のエレベーターはB1までいき，他方は1F止まりである．このデザインにあたっては，“シンプルで整然としたボタン配列”を良いUIデザインであるとして，そのデザイン性を重視した操作性しか考慮しなかったようである．ところが，そのビルを訪れる機会の多い著者にとって，2基のうちどちらを利用するかは，ホールに入るタイミングにおいて，そのときのエレベーターの稼働状況との兼ね合いでランダムに決まる．つまり乗るほうを事前に特定できないわけである．

このような場合，2基のボタン配列が異なっていたらどうなるであろう．ボタンの場所記憶が利用できず，習慣が生成されず，毎回のように押し間違える．またはじっとよく見てどこを押すべきか，毎回確認しなければならない．エレベーターは何のために利用するのか，つまりそのシステムには，ビルを頻繁に利用する経験の中で，UIがどうあるべきなのかを考える視点が欠けている．これが「UIは考えているがUXは考えていない」ということであり，インタラクションだけを考えると失敗するという実例である．このような視点で見ると，UXとUIは明らかに違うことが明白である［9］．

要は，対話するその瞬間のみを考えるか，その瞬間も含めた一連の流れを「経験として」考えるかの違いである．前者はUIを取り扱うことであり，後者はUXを取り扱うことになる．

UIかUXかではなく，問題は違うところにもある．経験をどの範囲で捉えるのかということである．ところで，最近の“購入の仕方”はだいぶ昔とは異なるようだ．UX白書［10］で提示された「UXの4段階」を参考に，今日的な服の購入の流れを見てみよう．

① 事前にオンラインで確認する（ビジョニンング：どんな服を着るべきか）．＝タッチポイント：Web UI
② 実店舗で実際の服を試着する（予期的UX：フィット感を確認する）．＝タッチポイント：店舗やフィッティングルームなどのUI
③ オンラインで購入する（体験的UX：洋服を購入する）．＝タッチポイント：Web UI
④ 自宅で受け取る（エピソード的UX：購入方法が正しかった

かどうかを思い返す）．＝タッチポイント：配達業者の人と配達伝票（伝票UI）

流れを見てみると，③のデザインでは，①や②で選んだものを確認できなければならないし，受け取り方法④を指定できなければならない．しかしもう1つ，①の前には“どんな服が似合うかという思考を支援するサービス”があるかもしれない．また④の後には“その購入した服に似合うデートの場所を提案するサービス”があるかもしれない．つまりコンテクストはけして途切れないのである．途切れないコンテクストの中で切り取ったものが「サービスコンテクスト」であり“サービスの対象となる経験”である．いかに切り取るかによって，サービス価値の良し悪しも変わってくる［11］．その経験の中で，UIはタッチポイントとして存在する．そしてこのタッチポイントでの体験を「マイクロUX」と呼ぶことにする［12］．

このようにUIとUXは範囲を特定するのが難しいが，明確に意識することで狙いが定まり適切な策を講じられるため，その結果として，ユーザーの利便性を高めることがきる．UX＝体験とすると狭くなり，UX＝経験とすると，そこには複数のマイクロUX（体験）が存在することになる．

1-10. コトを思考する

デザインで「モノからコト」が言われて久しい．このフレーズはたとえば，「“ナイフという現物（モノ）”で考えないで“切るコト”という行為で考えろ」ということで，モノとコトが対比されている．本当にそうであろうか．このフレーズには「古典的デザインでは」という接頭句がつきそうである．現在のデザインでは（UXデザインにおいては特に）すでにコト発想が主体となっており，モノはその中の構成要素として存在するのみである．いわば入れ子状態であると理解したほうがよい．コトはモノとの対比で存在する言葉であるので，モノがコトの中にある現代においては，不適切な言葉であるともいえる．対象となるのはコトでもモノでもなく，ケイケンであると言ったほうが良いかもしれない．

コト発想というのは「動詞的に考察する」ということである．ちょっと分かりにくいので，「動詞的考察」を「動詞で展開する」と言い換えてもよい．「モノからコト」が重用とされた当時はデザイン界全体が新たなデザインのアプローチを模索していた．先のナイフの例をUXデザイン的に述べれば，「切る経験」ということだろう．そしてUXとしては，その経験で得られる心の充足を重視するので，コトからさらに一歩進んでココロと言えるのかもしれない．つまり「コト（含むモノ）からココロ」である．今までと違った経験からは，今までと違う感動とか共感が得られるので，そのココロ（気持ちや心），あるいはケイケンを問題にしないと，単に奇をてらった経験となってしまう．ゲームのように．「自分“が”楽しい」ではないし「人を楽しませる」でもない．「共に楽しみつつ社会的な良いことを生み出す」とか「自分の想いを伝え共感しあう」のように，より“高次の価値”を発見し提供していかないと，ユーザーの心には響かない．

1-11. アイディア発想

発想には，発散技法，収束技法，総合技法，態度技法など，さまざまな技法がある．発散と収束の技法は，「ダブルダイヤモンド・モデル」に当てはめてみると分かりやすい．HCD活動の中で何か発想を行う場合，その発想方法は，発想しようとするメンバーの経験やスキル，またはHCDのプロセスに則して，使いやすいかどうかで判断し選択する．本節では，代表的なものをあげながら，その取組み方について解説する．

そもそも「発想する」とは，ジェームス・ヤング（James W・Young）氏が「アイディアとは既存の要素の新しい組合せである」と述べているとおり，無の中から何かを生み出すというものではない．

人は無の中にはおらず，常に外部刺激を受けている．また自己の中にさまざまな認知的なバイアスをもっている．よく「ゼロからアイディアを生み出す」との逸話を聞くことがあるが，その意味は「既成概念を否定して（つまりゼロベースで）物事を考えろ」という戒めである．そして「既存の概念を否定する発想」は，クレイトン・クリステンセン（Clayton M. Christensen）氏らの提唱した「破壊的イノベーション」にとって必要不可欠な視点でもある．

発想するには，しかるべき心構えや準備が必要だ．代表的なマナーは次の3つである．

1. 集合知を前提にする．
2. アイディアは数を重視する．
3. 時間を区切る（インターバルを設けて行う）．

集合知について

アイディア発想は，数人で取り組み，全員の知を集めること，つまりグループワークでブレインストーミングすることを前提とする．そしてその「数人」であるが，米国スタンフォード大学のティナ・シーリング（Tina Seelig）氏は，6～7人が適切だと述べている．3人以下だと声の大きい人にイニシアティブを取られやすく，8人以上では多すぎて傍観者やただ乗り（情報だけ持って帰る）を生みやすい．

ブレインストーミングには，いくつかのルールがある．シーリング氏によると，それは次の4つである．

- 判断・結論を出さない：
  発散フェーズでは自由なアイディア抽出は抑制しない．収束フェーズでは，方向性を見出すようにする．ただし結論は強引に導かない．
- 粗野な考えを歓迎する：
  誰もが思いつきそうなアイディアよりも，奇抜な考え方やユニークで斬新なアイディアを重視する．
- 量を重視する：質より量
- アイディアを結合し発展させる：
  全面否定するのはよくないが，部分的な否定はよい．部分的に批判しながら改良案を出しつつ展開する．

また，米国IDEOは次の7つのルールを提唱している．

- テーマや焦点を明確にする．
- 批判したり論争を仕掛けたりしない：楽しむ．
- 量を重視する．
- タイミングをみてジャンプさせる：ファシリテーションする．
- 出したアイディアは一覧して見えるようにしておく：壁や大きな紙にアイディアを貼り出す．
- 脳のウォーム・アップやストレッチを行う：ひらめきを誘発するためのリフレッシュである．
- 身体を使う．

数を重視

数を出す理由は，良いアイディアは一発では生まれないためだ．他者のアイディアの良いとこ取りをするとか，掛け合わせるなどして，新たなアイディアを生み出す．数あるアイディアを分類する段階で，ひらめきも生まれやすくなる．よく「アイディア出しの100本ノック（1000本ノック）」などと言われるが，数を出すには強制発想法をうまく取り入れる必要がある．

ひらめきについて

ひらめきを得るには，最初のアイディア出しの後，少し間を置いたほうがよい．執念を持って考え続けながらも何か気晴らしなどを取り入れることで，その結果としてひらめきが生まれる．カップヌードルを発明した安藤百福氏は「ひらめきは執念から生まれる」，経営コンサルタントの神田昌典氏は「優れたアイディアは，苦しみの後のリラックスから生まれる」とそれぞれ述べている．要は，リラックスできる何かの刺激を与えることで，脳が反応し，アイディアが生成されるのだ．

「何かの刺激」というのは，先に述べた「アイディアを分類する」というカオスのような作業も当てはまる．グルーピングや，後述するアイディア評価などを行う中で「そうだ！」とひらめくことが多々ある．また，チーム全員に意図的に刺激を与えるために，野外でアイディア出しする「アイディア・キャンプ」や「デザイン・キャンプ」，場所を変えて行う「アイディア合宿」などと呼ばれる“発想の場”を設定するのも効果的だ．

時間で区切る

アイディア出しは長時間だらだらと続けず，「20分で10個出しましょう!」などと時間を設定しながら行うとよい．これには経験が必要で，入社5～10年の中堅がリーダーシップを発揮するチャンスとも言える．アイディア発想のファシリテーションの良し悪しで，発散や収束の“デキ”が左右されるのだ．

インターバル

インターバルを設定する方法として特徴的なのは，ポモドーロ法（Pomodoro Technique）だ．これはフランチェスコ・シリロ（Francesco Cirillo）氏が1992年に自身の勉強効率を上げるために考案した時間管理術で，簡単に言えば，25分間集中した後5分休憩する，このインターバルを繰り返すというものだ．この25分というのがポイントで，人間の集中力の持続時間は30～50分ほどと言われている［13］．小中高教育の1時限が45分ほどなのはこの理由によるという．

発散させる発想

ダブル・ダイヤモンドの最初のひし形にある「発散」の段階で行う発想である．たとえば，確認した問題点の原因を深掘りすることなどがあてはまる．トヨタ流の「なぜを3回繰り返す」とか，「WhyとWhy Notを問う」など，アプローチはさまざまあるが，要は，問題から出発してその真の要因を知ろうとすることが大切だ．思いつく要因を，付箋紙などを使用しながら書き出してもよいであろう．

新商品や新サービスのアイディア出しなどにおける発散は，自由な発想方法だけではなく，強制的に発想する方法も取り入れたほうがよい．その手法の代表例としては，「オズボーンのチェックリスト」と「ブレインライティング」がある．

「オズボーンのチェックリスト」は，次のような9つのキーワードを視点として与え，これを基にアイディアを強制的に発想していくものだ．

1. 転用（他に使い道を変える）
2. 応用（応用する，似たものを探す）
3. 変更（色を変える，売り方を変える）
4. 拡大（大きくする，範囲を広げる，増やす）
5. 縮小（小さくする，範囲を狭くする，減らす）
6. 代用（素材を変える，アプローチを変える，構成要素を変える）
7. 置換（要素を取り替える，パターンを変える，原因と結果を入れ替える）
8. 逆転（後ろ向きにする，上下をひっくり返す，主客転倒する）
9. 統合（組み合わせる，1つにまとめる）

ブレインストーミングで発言にためらう日本人向きの手法もある．それが「ブレインライティング」だ．図1-11-1のような用紙を1

人1枚配布し，まず対象の商品やサービスについて5分間で願望や目標を3つ書く（A，B，C）．それを隣の人に渡し，その人は最初の3つをヒントにさらに願望や目標を出す．これをメンバー全員が同時進行で繰り返した後，最後に全員で評価する．あまり具体的に書きすぎるとアイディアが膨らまないので，適切なファシリテーションが求められる．

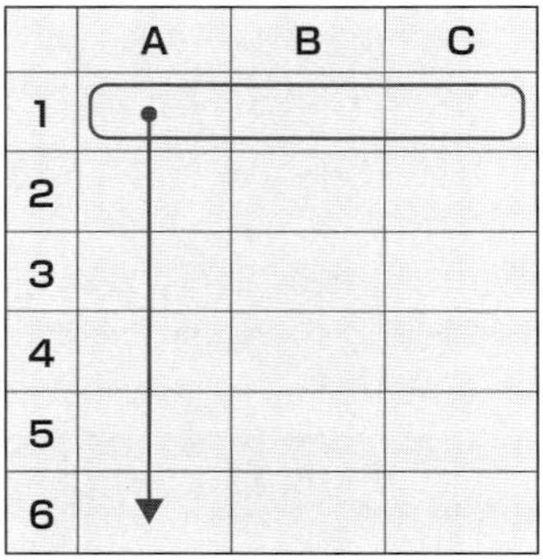

	A	B	C
1			
2			
3			
4			
5			
6			

図1-11-1　ブレインライティング
（出典：http://ishiirikie.jpn.org/article/1023814.html）

収束させる発想

収束させる発想は，洗い出した要因を整理し，理解を深めながら問題を定義することなどが該当する．KJ法や，特性要因図手法を活用して要因を分析する（特性要因図手法［14］は発散と収束を1つの図の中で行うことになる）．

KJ法はポピュラーなので読者の皆さんも一度は取り組んだことがあるであろう．発案した川喜田二郎氏の名前をあててKJ法という．バラバラに存在する事実の情報（問題点や条件など）を整理し分類し，最後に統合する．手順は，まず情報を1点1様でカード化する(単位化)．次にグルーピングし(統合化)，意味を考えながら並べ替える(図解化)．その後，「要はこの問題は…」という趣旨のセンテンスとして言語化（文章化）する．抽象概念を整理し，センテンス化という形で形式知化するのが目的である．

アイディアの評価

アイディアの評価は，第三者をゲストに招いてもよいが，基本的にはグループメンバーが全員で行う．手法としては「バタフライ・テスト」[15] と呼ばれるものがよいであろう．この評価法では，色の違うドット型のシールを2種類用意して，黒は「効果が高いもの」，グレーは「実行が容易なもの」というように意味を決めておく．

アイディアをグルーピング（分類）する．まずアイディア自体に，1人10個というふうに決めて黒とグレーのシールを貼る．その後，グループ自体に，同様に黒とグレーのシールを貼っていく．貼り終わった後は参加者全員で結果を検討する（図1-11-2参照）．

① 1人 黒2or3枚 & グレー 2or3枚 = 合計1人4or6枚
② 投票する：まず項目の付箋紙にラベルを貼る．その次にアイディアの付箋紙にラベルを貼る．

●：効果が高い
●：実行が容易

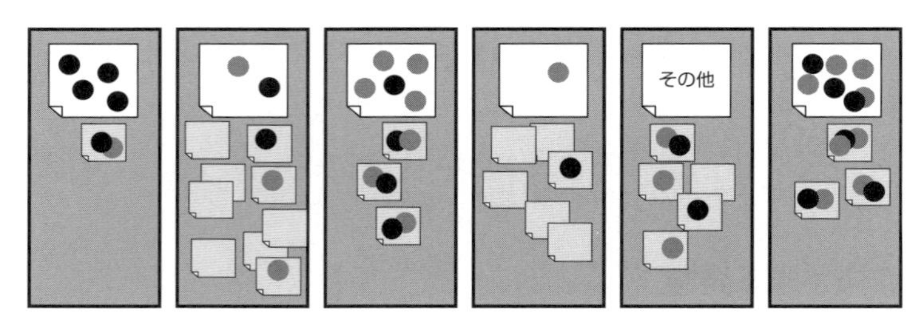

図1-11-2　バタフライ・テスト

良い発想を行うには，一度で結論に導こうとせず，間を置いて2，3回行うなど，インターバルをおいたほうが結果的には良いアイディアが生まれる．またその「間」の部分で感性を刺激するようなことも考えると効果的だ．その意味では，アイディア出しのブレインストーミング自体をオフィスの外に移し，気分転換できる場で行うのがよいと考える．たとえば，横浜の「港の見える丘公園」にある大仏次郎記念館の貸会議室は周囲の環境も相まって，アイディア合宿としては良い場所であった [16]．廃校となった小学校をイベント用に貸し出している施設もあるので，このような場所も気分が変わって良いと考える [17] [18]．

ポイント

023.	UXは「体験」ではなく「経験」と捉えるべきである．UIは「マイクロUX」として「体験」と捉えると違いが明確になる．
024.	モノからコトは完了し，すでにコト中心であり，モノはそのコトに包含される状態である．
025.	アイディア発想の3大要諦は，①集合知を前提にする，②数を重視する，③時間を区切る，である．

1-12. アンカリングと「UXナッジ」を利用した動機付け

読者の皆さんは，ある音楽を聴いたときに，昔聴いたその当時の経験を鮮明に思い出す，という経験はないであろうか．これは，その音楽が昔の経験にひも付けられているからで，このひも付けされることを心理学用語では「アンカリング」という．アンカリングを学術的に解説すると，「初期に不十分な情報で推定したことが，それ以降の考えを後々までゆがめてしまうこと」となり，分かりにくい［19］［20］．言いかえれば，アンカーがインデックスのようになって過去の出来事を記憶するようなものだ．

たまたま目に付いたキーワードやスローガン，手っ取り早く利用できる数字などが記憶に残り刷り込まれることで，最終的な判断を固定化してしまう．これは先入観の形成にも結びつく．何か新たな価値基準を認識するまで「一次的な判断基準」として自己の中に存在し続ける．まさにアンカー（錨）のようにひっかかり続けるわけだ．この概念を，一瞬で自分を最高の状態にできるテクニックとして，ポジティブに用いる向きもある［21］．プロスポーツなどの試合で最高のパフォーマンスを出した経験を思い出させ，そのときのメンタリティを再現する，というものである．メジャーリーグのイチロー氏など一流スポーツ選手に見られる「ルーティン動作」はまさにそれを再現している動作である．

マーケティングでは，店頭のPOP広告などで，消費者にこのアンカリング効果を促す試みがある［22］．特売価格を元の価格と並べて表記する「期間限定販売」とか「タイムセール」などがそれにあたる．ただこれもやりすぎると購買をあおるだけと受けとめられるので逆効果ともなる．“気の利いた適当な方法”というものは何においても存在する．

ユーザー経験を考えた場合，それが新しい経験であればあるほど，アンカリングは効果的だ．経験の導入部や節目のタッチポイントなどで過去の“素晴らしい経験”の記憶をリマインドするようなものがあれば，その経験を続けるモチベーションにポジティブな影響を与える．2017年にノーベル経済学賞を受賞した米国の経済学者リチャード・セイラー（Richard H. Thaler）氏が提唱する「メンタル・アカウンティング（行動経済学の言葉で“心の会計”）」では「ナッジ（nudge）」という言葉が使われる．「ひじで小突く」という意味だが，“ものぐさな人間を基準に逆手にとって，人を後押しするような手を打つこと”である．単なるサジェスト（推奨）とは異なる．

これで成功しているサービスの一例をあげると，米国の某企業で提供している企業年金の話がある．従来，“加入したい人が手続きする”方法だったが，手続きが面倒で加入者が極端に少なかった．そこで，自動加入を前提とした仕組みに変えて，“脱退したい人が手続きする”ように変えたら，加入率が90%になったという（NHKの放送より）．この「手続きの対象を加入から脱退に変える」というのがナッジである．

一人ひとりに合ったアドバイスも，信用を得る意味では効果があるナッジである．今までの省エネシステムでは，「節約しましょう．プランはこれです」などの汎用的なメッセージが一般的であったが，これを「あなたの省エネレポート」というスタイルに変えて，「Aさんは節約家よりも1.4倍多く出費しています．無駄は2万円です」という具体に，個人へアドバイスする方法に変える．そうするとより真実味が増して，成約率が上がるそうだ．

良い経験が個別対応になればなるほど，このナッジがあるかないかで結果が大きく変わってくる．ナッジでも，特にUXデザインとして扱うものを「UXナッジ」と呼ぶことにする．このUXナッジを考えてUXの中でデザインすることで，ユーザーのスムーズな経験を後押しすることができ，満足度や充足度を高めることができる．

たとえば，電車のホームにあるドアの整列乗車のサインはUXナッジであるが，これは“ものぐさな人間を基準に逆手にとって，人を後押しするような手を打つ”手段と見ることはできるものの，残念ながら良いUXナッジにはなっていない．路線・駅ごとにまちまちであり，説明的なデザインが多いからである．もう少し，“行動を後押しする良いデザイン”はないものだろうか．

良いUXナッジの例としては，男性便器のターゲットマークがあげられる［23］．これはユーザー経験としてよいというよりも，清掃管理者にとって良い事例だが，説明的ではないという意味では参考になる．ウェブサービスでも，YouTubeの右側に表示されるサジェスト動画はよくできている．現在視聴中のものとの関連度が表示されればなお良いと思うが，UXナッジとしてはそれなりに成功している．

このように，経験をスムーズに行ってもらうための仕掛けであるUXナッジを積極的に考え盛り込むことで，経験の満足度も高まるものと考える．

1-13. UXのハニカム構造をもとにユーザーを知る

インフォメーションアーキテクトのピーター・モービル（Peter Morville）氏は，UXは「ビジネスゴールとコンテクスト」「ユーザニーズと行動」そして「コンテンツ」の3つで考えなければならないと言っており，良いUXを導くためには次の7つの要素が必要と述べている［24］（図1-13-1参照）．

- Useful（役に立つか）
- Usable（利用できるか）
- Desirable（望ましいか）
- Findable（見つけやすいか）
- Accessible（アクセスしやすいか）
- Credible（信頼に足るか）
- Valuable（価値があるか）

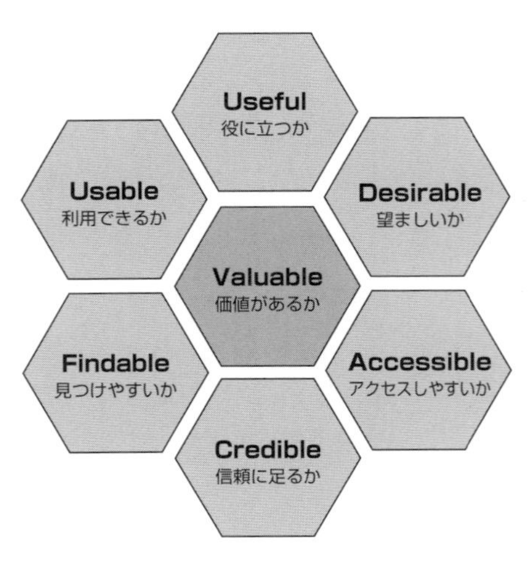

図 1-13-1　UXのハニカム構造
Peter Morville,User Experience Design,
（http://semanticstudios.com/user_experience_design/）

この7つをカテゴライズしてみる.

(a) ユーザーのコンテクストによって決まるもの：役に立つか（Useful），望ましいか（Desirable）
(b) ユーザーの価値観やゴールなど共感をえるために知るべきもの：信頼に足るか（Credible），価値があるか（Valuable）
(c) ユーザビリティに関するもの：利用できるか（Usable），見つけやすいか（Findable），アクセスしやすいか（Accessible）

要は，アンケートなど消極的なやり方ではなく，もっと踏み込んだ方法を採用する必要があるということを示唆している.

ユーザーを知る調査として代表的な方法として，エスノグラフィがある［25］. 北欧で開発されたものだ. 大まかに言えば，(a）については，ユーザーが居る場所を訪問して観察などを行う. (b）については，ユーザーへのヒアリングを通じてペルソナ[26]をまとめる. (c）については，実際にシステムを使ってもらいながらユーザビリティ評価を行い，使いやすさの程度を把握する，となる.

著者も，過去に何度か，複合機に対して，フライ・オン・ザ・ウォールという手法を用いてエスノグラフィックな調査を経験したことがある［27]. その具体的な方法は，調査現場に設置されたパーティションの背後に居て，ビデオ映像と発話を観察するのである. この観察で分かった想定外なユーザー行動に，“様子を見にくる”というものがあった. プリントした用紙を取りにくるわけでもなく，スキャンをしにくるわけでもなく，ただ様子を見にくるだけの行動が23%もあったのである. この情報を基に表示系インタフェースの見直しなど行った. このように，ユーザーの実行動の中にはアンケートなどでは引き出せないインサイト（潜在的本質的なニーズ）が隠れているのである.

1-14. ロジカルな思考

当時Adaptice PathというUX会社の設立者であったジェシー・ジェイムス・ギャレット（Jesse James Garrett）氏は，著書*Elements of User Experience* の中で，UXを5段階で示す概念を示している[28]（図1-14-1参照）．この概念モデルでは，デザインの戦略的な視点からGUI（Graphical User Interface）のデザインまでの関係が描かれている．GUIの背後には，UIとシステムとの内部インタラクションが存在し，またそのインタラクションは機能的な枠組みの中で決められると述べられている．

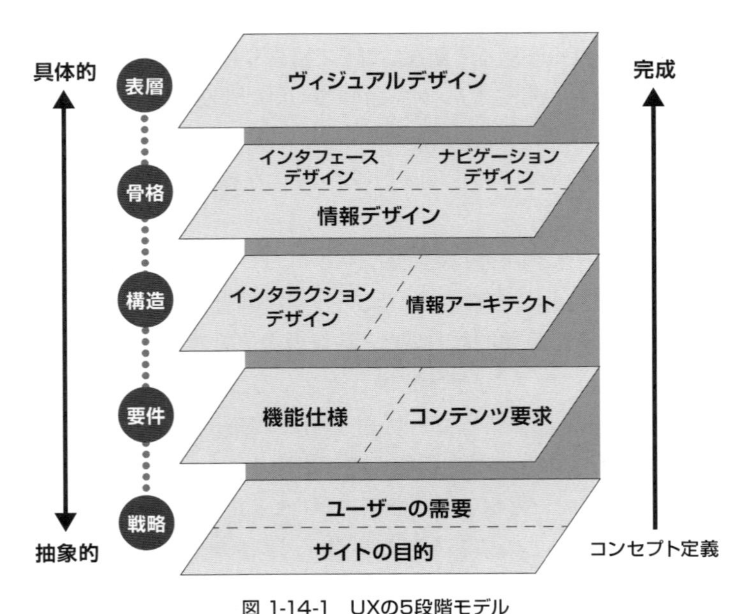

図 1-14-1　UXの5段階モデル
Jesse James Garrett, *Elements of User Experience,* Peachpit Press, 2010

つまりユーザーのニーズがまずあって，それをどのように実現するかという解決手段（機能的な枠組み）を考え，これを基にインタラクション，ひいてはGUI（Graphical User Interface）をデザインするという一連の思考プロセスが求められるわけである．GUIはいわばスキン（図でいうところのSurface：表層）であって，コンテンツではない．その意味では，スキンを変更できるような，いわゆるカスタマイズは多様なオプションがあってしかるべきである．

ギャレット氏のモデルは，ややUIに寄りすぎると言わざるをえない．UXは極めて文脈的であり，システムなど工学的な手段で解決できない部分も含まれる．つまり経験全体ではなく，たとえばウェブサイトという「マイクロUX」を述べているのであり，限りなくUIに近いと言える．その限りにおいてギャレット氏の概念を借りれば，良いUXとは，定義されたユーザニーズと，ひも付けられた機能の枠組みと，それに基づいたインタラクションが明確であるかどうかが重要であると言える．

1-15. 認知的な側面

ノーマン氏は，著書『誰のためのデザイン?』［29］の中で，次のような7段階に基づき，「行為の7段階理論」という概念を述べている［30］（図1-15-1参照）．

1. システム利用のゴールを設定する．
2. 意図を形成する．
3. 行為内容を詳細化する．
4. 実行する．
5. 結果のフィードバックを知覚する．

6. フィードバックを解釈する.

7. 結果を評価する.

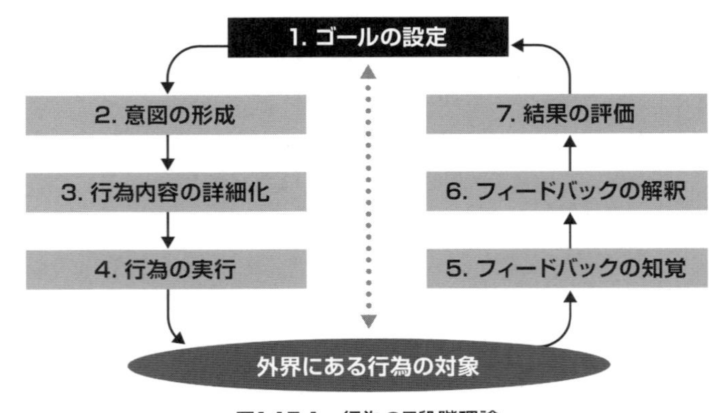

図1-15-1　行為の7段階理論

Donald Arthur Norman著,
『誰のためのデザイン?―認知科学者のデザイン原論』, 新曜社, 1990

行為の7段階は, 実行する段階（上記1 ～ 4）と評価する段階（5 ～7）で構成されており, システム利用時の認知的なプロセスに沿って適切な情報やUIを提供すべきであることを示唆している.

たとえば, 本を読むとして, 日が落ちてくれば電気スタンドが欲しくなる. この場合「電気スタンドをつける」というのがゴールである. そのゴールを達成するためには, 電気スタンドを近くに持ってきておいたり, コンセントに繋げておいたり, スイッチの場所を確認したりする. これが行為の組立てだ. その後は, 電気スタンドを点灯させれば（実行する), 明るくなって点いたことが分かり（知覚する), 本を読み続けることができ（解釈する), 電気スタンドの効果に満足する（評価する）というわけである.

ウェブサイトやゲームをデザインする際にも, ユーザーが想定するゴールを想定し, ユーザーがどのような手段を期待しているか, スムーズに実行できるか, 実行した結果が分かりやすいか, などを事前によく考えてシステムやUIを作らなければならない. そうしないと満足するウェブサイトやゲームにはなりえない.

このように，表層的な美しさだけではなく，ユーザーニーズからひも解かれる論理的な思考と認知的な思考の両面を考慮して作れば，良いUIを作ることができる．そのために何よりもまず必要なのは，ユーザーを正しく理解することである．

1-16. インターナショナル・ユーザビリティ評価の難しさ

製品やシステムのグローバルな流通を踏まえて多国間で同じユーザビリティ評価を行い，それぞれの国での受容性を評価することを「インターナショナル・ユーザビリティ評価」という．

このインターナショナル・ユーザビリティ評価には，いくつかの難題がある．ヨーロッパ圏内や米国を加えたインターナショナル・ユーザビリティ評価は頻繁に行われているが，日本を含めるとなると途端に難しくなる．その問題と理由は次の3つである．

1. **コミュニケーションの難しさ**
   英語でのモデレートが必要となったり，デブリーフィングや評価結果の共有化や擦り合わせを英語で実施しなければならない．

2. **条件の違い**
   通信環境の違い，通信機器の販売方法の違いなどがある．欧米では携帯端末を自由に販売しSIMカード別売りという国が多いが，日本はそうではない．インターネットおよび接続機器の普及率の違いも大きい．

3. **感性的な解釈や思惑・期待など，社会的なコンテクストや文化的な背景の違いが，操作基準（Criterion）に影響する**

3は，ユーザビリティの指針である効果・効率・満足度に対する許容値（Acceptance Level）の違いである．その要因は，文化的な背景の違いやカール・ユング（Carl Jung）氏が主張する西洋人と東洋人における自我のあり方の違いなどによる．

文化的な背景の違いについて米国ミシガン大学がアメリカ人の学生と中国系の学生について行ったテストによると，アメリカ人はより前景の中心に注力する傾向があり，中国系の学生は周辺も含めて俯瞰的に見る傾向があったという［31］．

また文化的な背景に関する別の観点として，米国の文化人類学者エドワード・ホール（Edward Twitchell Hall）氏の言う「ハイコンテクスト文化とローコンテクスト文化」という文化の違いもある．日本やフランスやイタリアはハイコンテクスト文化の国である．ドイツやアメリカやオーストラリアはローコンテクスト文化の国である．ハイコンテクストというのは文化への依存度が高いということで，それだけ内輪の言葉や概念，不文律などが多い．ローコンテクストはその逆である［32］．日本の「×」はアメリカではチェックの意味だから「OK」，逆に「○」は「Zero＝なし」と，逆の解釈となることは興味深い．つまり，評価レポートに表を掲載する場合は，「○×」を使用してはいけないのだ．

自我のあり方についてユング氏は，西洋人は論理的・合理的思考を持ち自我が表層近くにある．そのため西洋人は，「心の重なり」を許容せず，これが対立や紛争という形で現れているとする．一方，東洋人は必ずしも論理的ではなく，意識と無意識を含めた三次元的な心の中心に自我を見出すという．つまり「心の重なり」を許容し，それが和や相互扶助という形になって現れるという．このあたりは随分と判断基準に差が出る［33］．

このような差を少なくする方法として，モデレータを介さない評価法（例：ウェブを使用した遠隔ユーザビリティテストなど）などは参考になるであろう［34］．

結論を言えば，インターナショナル・ユーザビリティ評価を行う際は，本節で述べたような差異も考慮しながら，その運営や結果の同定を行うべきである.

ポイント

026. スムーズな経験を後押しするデザイン施策を「UXナッジ」という.
027. 「UXの5段階モデル」を用いて，マイクロUXをロジカルに考えることができる.
028. 「行為の7段階理論」を用いて，マイクロUXを認知的に理解することができる.
029. 多国籍間で行うインターナショナル評価は，言語の問題だけでなく，文化的な背景やコンテクストの違いなどにも留意すべきである.

参考文献 ほか

1-3

［1］ ジョン・マエダ氏が語る「2016年のビジネスとデザイン思考」：https://wired.jp/2016/03/23/john-maeda-really-matters-world-design/

［2］ デザイン思考ってなに？：http://blog.btrax.com/jp/2013/06/02/d-thinking/

1-4

［3］ 『誰のためのデザイン?』（新曜社; 増補・改訂版，2015）

［4］ 英国デザイン協議会が2005年に発表

1-7

［5］ パースウェイシブデザインのビヘイビアモデル：http://bjfogg.com/fbm_files/page4_1.pdf

1-8

［6］ 集合知を活かす技術：http://www.d-laboweb.jp/special/sp113/

［7］ 野中郁次郎の名言：http://systemincome.com/60744

［8］ 富士ゼロックスのテクニカルレポート：https://www.fujixerox.co.jp/company/technical/tr/2016/

1-9

［9］ 本節は，CREATIVE VILLAGEコラムページ：https://www.creativevillage.ne.jp/30149より引用しています．

［10］『UX白書』（Virpi Rotoら，翻訳：hvdvalue，2011）より：https://docs.google.com/viewer?

［11］ 家計簿アプリには，単に家計簿をつけるだけのもの，または銀行口座と連動して預金管理を行えるところまでサポートするもの，などがあります．

［12］ What is micro UX? 14 joyful examples：https://econsultancy.com/blog/65849-what-is-micro-ux-14-joyful-examples

1-11

［13］ ポモドーロ・テクニック再入門ガイド：https://www.lifehacker.jp/2014/07/140714pomodoro.html

［14］ 10分で理解できる特性要因図|書き方から原因を特定する方法まで：https://navi.dropbox.jp/fishbone-diagram

［15］ ブレインストーミング（ブレスト）でのバタフライテストを利用したアイデアの絞り込み方：http://www.mmm.co.jp/office/post_it/meetingsolution/methods/methods08.html

［16］ 大仏次郎記念館の貸会議室：http://osaragi.yafjp.org/about/

［17］ 世田谷ものづくり学校レンタル・スペース：https://setagaya-school.net/rentalspace/top

［18］ 本節は，CREATIVE VILLAGEコラムページ：https://www.creativevillage.ne.jp/34091より引用しています．

1-12

［19］ アンカリング効果：http://bit.ly/2x6n8ot

［20］ アンカリング：http://bit.ly/2x6fFWa

［21］ イチローもやっている「アンカリング」テクニック：http://bit.ly/2x69Qbo

［22］ アンカリング効果とは？現場での活用例で学ぼう：http://bit.ly/2x5zqx6

［23］《トイレ掃除対策》あのターゲットマーク（これ→◉）と新しいトイレの理想郷：https://last-escape.com/2017/02/09/toilet/

1-13

［24］ Semantic Studiosサイト：http://semanticstudios.com/user_experience_design/

［25］ 文化人類学では，現地に長期間滞在し，フィールドワークという経験的調査手法を通して，人々の社会生活や習慣や文化的な背景などについて観察し具体的体系的に記述し，「民族誌」にまとめる．HCDでは，この民族誌をユーザー調査に応用し，エスノグラフィ調査という形で利用する．

[26] 対象となるユーザー（代表ユーザー．イノベーティブな商品やシステムの場合はイノベーターやアーリーアダプターとなる）の概要を表したもので，イメージをつかみやすいようにビジュアルな要素も含めてまとめる．ただし，視覚的な表現やプロフィールなど形式的なものを重視しすぎるのは危険であり，代表ユーザーのゴールや価値観を知ることが目的である．

[27] フライ・オン・ザ・ウォール：エスノグラフィ手法の1つ．ユーザーに関与せず，観察によってユーザー行動の特徴などを知る方法．著者の場合は，複合機の後ろにあるパーティションの背後に隠れて2週間観察した．

1-14

[28] The Elements of User Experience（New Riders Pub，2002）：http://www.jjg.net/elements/pdf/elements.pdf

1-15

[29]『誰のためのデザイン？』（新曜社認知科学選書，1990）：https://www.amazon.co.jp/gp/product/478850362X/ref=as_li_ss_tl?ie=UTF8&camp=247&creative=7399&creativeASIN=478850362X&linkCode=as2&tag=ryo0bb-22

[30] Seven stages of action：https://en.wikipedia.org/wiki/Seven_stages_of_action

1-16

[31] Different view for East and West：http://news.bbc.co.uk/2/hi/health/4173956.stm，東洋人と西洋人では物の見方が違うらしい：http://finalvent.cocolog-nifty.com/fareastblog/2005/08/post_dd50.html

[32] ハイコンテクスト，ローコンテクスト：http://diversifying.blog5.fc2.com/blog-entry-133.html

[33] 東洋と西洋の心の違い：http://mitsuno-y.com/file/200902/09_121813.html

[34] 遠隔ユーザビリティテスト：http://website-usability.info/2011/11/entry_111101.html

第2章 経営との関係に配慮する

デザイン思考や経験を追求する志向が社内に定着するか否かは，経営者の理解がカギとなる．本章では，このハードルを越えるために必要な，UXデザインの知識や知恵をひも解く．

2-1. 経営の視点とUXデザイン

2017年春に行われた某祝賀会で，某大企業の会長と少しお話する機会があった．氏は「弊社はユーザビリティをとても大事にしてきた」と述べていた．ユーザビリティの良い製品を作るためには，経営者の理解と後押しが欠かせないとのご意見である．確かに機能や性能やコストとの関係で，ユーザビリティは比較的ないがしろにされてきた．氏は「そのとき，経営者がリーダーシップを発揮しないと，使いやすい製品は決して生まれない」と断言していた．

HCD界の人々が集まる祝賀会の場であったので，多少リップサービスはあると思うが，面白いのはその後の言葉である．「経営者はポジションに就くと独自のカラーを出したがる．前任者を踏襲しようとは決して思わない」ということである．つまり，前任者とは違う独自のカラーを出さないと，自分が地位に就いた意味がないという強迫観念のようなものを感じるのだそうだ．

したがって，トップが交代した場合は，UXデザイン部門・チームのチャンスでもある．特に，製品主体の事業を展開していた企業では，今は「サービスシフト」が必須である．新しい経営者に従来事業でサービス系の新しいプロジェクトを提案したり，デザイン思考の必要性を宣言し活動の推進をコミットしたりすれば（2-4節を参照），UXデザインの価値を経営に認めさせることもできるであろう．

富士通デザイン社代表取締役の上田義弘氏は，「全社をあげてサービスデザインの実践やデザイン思考の普及に精力的に取り組んでいる」と述べている．サービスデザイン部門を拡充し，SE部門や富士通総研などとの協働によるビジネス活用も順調に行っているようである．UXデザイン部門・チームが一体となって働きかければ，サービスシフトへ貢献できることは間違いない．その試みとしては

IBMの「THE LOOP」という取組みも参考になる（1-4節参照）.

IBMは，全社をあげてデザイン思考を実践すると宣言しているが，NECなど日本のUXデザイン先端企業でも似たような傾向にある．もはや「なぜサービスデザインが必要か」ではなく「どうサービスデザインを活かすか」が問題であり，主題がWhyからHowに変わっている．

著者が所属したC社のマーケティング部門では，盛んにサービスデザイン系エージェンシーとのパートナーシップを模索している．マスマーケティングも限界を迎え変わりつつある．サービスデザインはマーケティングとの親和性も高く有効であると考えているようである．

これからの経営にはデザインの視点が欠かせない．経営は，利益を追求する上で，顧客からの信頼・支持という点が欠かせないからである．「顧客から信頼や支持を得る」という命題に対しては，次のような2つのアプローチが考えられる．

第1のアプローチ：顧客から信頼を得るアプローチ

現代の経営は，良い商品やサービスを出すというだけでなく，悪いものを出さないという視点が大事である．いくら良いものを出していても，一度悪いものを出した途端に信頼が消し飛んでしまう．その意味からは次の3点が大事になってくる．

- **コンプライアンス経営を行うこと．**
- **安全や環境への意識を高く保つこと．**
- **価格に見合うパフォーマンスを常に発揮すること．**

第2のアプローチ：顧客から支持を得るアプローチ

顧客から支持を得るには，現在の顧客のニーズを把握しているだけでは不十分だ．顧客の知らない，先の先に生まれるニーズを精度高く先取りして作り込まなければならない．顧客が知人に誇れるものを出してくれる企業が選ばれる時代である．その意味からは次の

3点が重要である.

- 顧客のコンテクストへ適合する商品・サービスを継続的に把握し商品化すること.
- 顧客が使用する上において高い価値を発揮すること.
- アフターサービスの充実（修理・部品供給・機能の追加更新）.

信頼と支持とは，企業活動へ共感し（シンパシーの形成），その企業のひいき客になることである．そのような顧客を獲得した企業が繁栄する．企業はひいき客（共感顧客）を増やす努力を惜しんではならない．企業経営としてそのために必要なものは次のようなものである.

1. 全社にデザイン思考を取り入れて集合知を活性化する.
   a. ワークショップの活用
   b. フラット化
   c. さまざまな階層でのプロトタイピング
   d. ナレッジ・インテンシブ・スタッフ・イノベーション活動（KI活動：課題を見える化する活動）の導入［1］，など.

2. EX（Employment Experience，従業員経験）の向上.
   a. GHQ(Go Home Quickly)運動
   b. Change Working運動［2］
   c. ワークライフバランスの推進，など.

3. ブランド力を高める.
   a. ブランドエクイティの向上
   b. ブランドマネジメントの実践，など.

1cでいうところのプロトタイピングは，事業戦略やビジョン，組織の連携方法など，さまざまな事案を想定している．1dは，課題の見える化により問題を共有化できることを示唆している．2bは，自らによる働き方改革である．2aや2cは，たとえばエクストリーム出社［3］など，自らの興味に積極的に取り組む中でバランスを見出すことが重要である．

企業はもはや，UXデザインのコンピタンスを上げるだけでは不十分だ．サービスシフトするためには経営視点でUXデザイン組織を活用し，彼らの知恵を活用すべきである．その際には，デザイン部門以外も感性を高めていかないと挫折する．デザイナーが中心となってワークショップなどを継続的に行い，感性も鍛えなければならない（ブレインライティングなどで頭を柔らかくする）．また，失敗からどう学ぶかも全組織の課題である．市場問題などは，全社で共有できるイントラサイトなどで公開し，全社員で共有するような姿勢が求められる．

一方，UXデザイン組織としては，越境力を高める（Cross Boundarty）ことが重要だ．特に「グローバル対応力」を高めることと，異文化交流や異文化融合を積極的に行うべきである．また，イノベーティブな発想により，提案力・情報発信力を強化すべきである（3-4節参照）．

2-2. 経営者が期待すること

沖コンサルティングソリューションズ社長の今井雅文氏にインタビューした際のコメントである．今井氏へはデザイナーへの期待を伺ったのだが，氏いわく「UXの優位性，必要性だけを訴えてもダメで，コスト等を含めた総合的な評価が欲しい．そうしないと経営者は決して首を縦に振らない」とのことであった．つまり「あえて二兎を追ってほしい．もしチャレンジしてもらえれば大いにバックアップする」というのである．つまり，ほとんどの経営者はUXデザインが大事なのは分かっている．だが，コストアップしてよいとは決して言えないとのことである．これはそのとおりである．

前節の例でも分かるとおり，「新任の経営者は，ポジションに就くと独自のカラーを出したがる」わけであるから，そのような際には，どんどんUXデザインの新たなプロジェクトを提案してほしい．チャンスである．その日のために，UXデザイン組織のマネージャーは，常に経営層と良好なコミュニケーションを確保しておくべきである．

何か新しいことをする際には，必ず新たな投資のためのコストがかかる．したがって1つの案件に限定して提案しても，コストアップだけが目立ってしまう．そこで，中期計画などの対象期間内で，ランニングコストなども含めてトータルでどれくらいコストダウンになるかを言ったほうがよい．

また，同じ経営者からの示唆でもあったが，リアリティのあるコスト計画は，開発部門や企画部門と積極的に連携してほしいとのことである．これもそのとおりで，プロジェクトの企画立案やコスト試算には他部門も巻き込んで，ぜひ精度の高い提案をしていただきたい．もし事業計画との擦り合わせを行い，中長期の戦略的なプロジェクトとして位置づけられていれば，承認を得た後，具体化する工程は事業部中心で進めることができる．そのような場合は，実現化が担保できたようなもので，実績としてアピール度も高くすることができるであろう．

2-3. UXデザインとコスト削減の同時達成のために

ユーザー中心に開発を行うことで，ROI（Return On Investment，投資利益率のこと）が改善できる可能性がある．商品やサービスがヒットした場合，そのヒットした理由にはさまざまな要因が考えられるが，UXデザインが寄与した程度を明示的に説明しにくい場合もある．しかし，ROIの改善という観点であれば，UXデザインが寄与した程度を論理的に説明できる．

ROIの改善は原価を下げることで可能となる．売上げを基準にすれば，原価が下がれば利益が増える．原価には開発工数が関係するが，開発工数を減らせば原価を下げたことになり，ROIの貢献につながるわけである．

組込み製品の例をあげると，開発工数における設計変更や手戻り開発は「無駄工数」と言われる．つまり，なくてもよい工数である．そして無駄工数が発生しやすいのは，UI開発に多いとも言われている．X社では，ある年の総UI開発工数の40%が無駄工数であった．たとえば，UI開発工数が1万時間だったとして，その40%で4000時間が無駄工数となるわけだ．この4000時間をゼロにできれば，1時間の原単位を9000円とすると3600万円を削減できることになる．ちなみに単価9000円というのは，時間当たりの給与や福利厚生費と家賃などの案分を加算したものだ．これも企業ごとに異なるので，あらかじめ割り出しておく必要がある．なお，この単価については，後述の2-5節で詳しく解説している．

無駄工数が発生する要因は，次の3つが考えられる．

1. **要求仕様が確定しないまま設計者の暗黙知で開発を見切り発車し，後で要求が固まる（順序が逆になる）．**
2. **使用状況を表層的に理解したままで作られた間違った要求**

理解と，それに基づいて作られた不正確な要件に基づいて開発する．

3. 後工程の評価で不具合の指摘が出て，改善のために設計変更が必要となる．

1と2は利用者の利用状況を把握し確実に資料化すればよい．資料化とは「ユーザー要求仕様書」のようなものを作成することである．ただし精度は必要で，作成メンバー間で十分にレビューし合い，完成度をあげてほしい．また，3はユーザーの要求事項に対する評価を行い，要求の充足度を判断すればよい．1と2がクリアできていれば，そう大きな問題は発生しないはずである．

いずれもHCDプロセスを導入することで回避でき，ひいては原価を低減しROIの改善に貢献できる．経営者には，説明が必要なポイント値よりも，コストダウンの額を言ったほうが理解を得やすい．

こうしたHCDプロセスの導入や活用には，HCDの専門家がエンジニアなど他分野の専門家と協力しながら開発を進めていくことが欠かせない．

2-4. どのようにコミットするか

コミット（commit）とは「責任を持って約束する」という意味である．よく成果主義を執る企業で使われるビジネスタームであり，年初にその年に取り組むプロジェクトとその中での自分の役割を設定する．これを上司と確認し合意するのが「コミットメント（commitment）」である．多くの場合，数値目標などの設定が期待される．数値は測れるものであり成果の指標となるので，コミットメントが成果指標とイコールになる．ただ数値に置き換えられないことも多々あるので，定性的なものも含めて言う場合にはコミットメントのほうが適切である．

ところで1つ問題は，人件費の原資が限られていることだ．限られている以上，絶対評価はしにくい．成果が数値目標をクリアしても，原資を基準にすると，母集団内で相対的な評価を行わざるをえない．このあたりはマネジメントと本人との調整や納得感の問題となる．欧米のように真の成果主義を目指していくのか，日本型の調整型でいくのかは，現時点で正解はない．ただ，欧米のような真の成果主義を採用するには，マネージャーに解雇権があるとか，会社としてキャリアパスの支援体制があるとかでないと，原資との関係は依然として課題のままである．

では，UXデザインにおけるコミットメントとはどのようなものか．UXデザインで目指すものは，ユーザーにより良い経験を提案し利用してもらうことで自社の共鳴者（俗にいうシンパのこと，sympathizer）になってもらうことである．そこで，「共鳴者を増やす」というのは1つの成果指標となりうる．もし自社で共鳴者の数を測れる場合は，とても有効な指標であるが，測るのはなかなか難しい．数が測れないと，増減も同定できない．これも含め，いくつかUXデザインにおけるコミットメントの例をあげる．

1. 共鳴者数増加率
2. UXデザインを適用するプロジェクトへの参加件数と貢献度
3. 提案書の本数
4. 提案の成功率（提案の採択件数）
5. ガイドライン項目の作成件数
6. プロジェクトへ参画した時間数，時間割合，など．

1は前述のとおり，測定する仕組みがないと指標にはしにくい．2，3，5，6は測定方法がなくてもカウントでき，貢献度はプロジェクトメンバーへのアンケートを行うことで把握できる．4は提案に対して承認を得た場合にその件数をカウントするのだが，提案どおり採択された場合を100点とし，若干の修正を行った場合は75点とするなど，レベル設定を行うことも可能である．

よく，顧客満足度などを用いるが，これも，満足度の増減とそれに寄与する開発項目などが定義されていないと正しく評価できず，恣意的な評価となる．X社では，顧客満足度に対してユーザビリティの寄与率を事業単位で決めていたので，満足度への寄与度を数値で示すことができた．ただ，すべての活動は外的な影響を受けるので，寄与した度合いが100%自力とは言いにくい．「論文数」などは100%自力ということでカウントできるが，論文が共鳴顧客の増加にどれくらい寄与しているかを同定するのは，至難の技である．

結局は，いくつかの指標を設定して，そのバランスを取るかたちで全体をコミットメントとするのがよいであろう．自分の仕事の出来栄えについて5段階評価などで周囲にヒアリングし，その結果をもって面談に臨むなど，積極的に自己評価することはプラスとなる．

2-5. ホワイトカラーの生産性改革

現代は少子高齢社会である．就労人口が減ると経済が低迷し，売上減にますます拍車をかける．日本の時間当たり労働生産性は46.0ドルで，OECD加盟35ヵ国中20位くらいである．この状況が1970年以降続いている．低いと言わざるをえない［4］．少子化により市場が縮小すると売上も伸びず，利益も下がる．労働生産性の向上は死活問題である．

経営的には利益を落とす施策は選択肢になりにくい．人件費が増えると利益を圧迫するので，人も簡単には増やせない．いわゆる効率化もすでに相当やっていて，これ以上策がないほどである．では質を犠牲にして納期に間に合わせるのか．これをした企業は，社員のモラルを下げることになる．従業員満足度（Employment Experience：EX）が一番大事だと言われている時代に，モラルを下げると，良い社員が流出し，負のスパイラルになって，結局，売上に悪影響がでる．

電通の過剰労働問題において社長が辞任した．これは問題のすり替えである．何のために社長は辞任するのであろうか．辞任では何も解決しない．社員は，辞任後に改革しても，実態はほとんど変わっていないと感じているようだ．この種のギャップはよくある．社会的には何となく責任を取ったように見えるが，真の改革をして問題を解決しない前に辞任しても，責任を果たしてはいないと言わざるをえない．

週勤4日にするとワークライフバランスが良くなり，かえって生産性が上がるという説があるが，このような施策がまさに「改革」だと思う．株式会社武蔵野の，残業時間を56.9%減らして過去最高益，というV字回復を，どう理解すべきなのか［5］．

Basecamp社は夏だけ週勤32時間にしているようである［6］．またリモートワークを推進したりオフィスを改善したりして，ESも向上する努力もしている．これはGoogle社なども同じである．でもこのような改革は，成否が読めず賭けのようなもので怖くて踏み込めない，と一般の経営幹部は考えるようだ．

では，ホワイトカラーの生産性改革はどうやったらよいのか．方策は次の3つである．

1つには確実な時短である．インターバル勤務（勤務終了から次の勤務開始までの時間を設定する）を導入した上で，週の勤務時間を40時間未満にする．時間が減ると成果が下がるというのは誤解である．人は短い時間の中でもやりたい仕事には集中するので，むしろ成果は上がる．

2つ目は，会議を減らし専門的創造的な仕事の割合を増やすのである．たとえば，情報共有のための会議は，マネージャーが自らを安心させるためにしているとさえ言える．集合する必要はなくメールで十分である．指示や簡単な質疑はチャットなどを利用する．新たな仕事で動機づけなどが必要な場合は面談したほうがよいが，通常の指揮命令とのメリハリをつける意味でも，チャットなどを利用したほうがよい．無駄な会議は百害あって一利なしである．

マネージャーは社員の時間コストをもっと考えるべきである．固定費である人件費を社員1人当たりの時間コストに換算し，社員を生産性の高い仕事に就けるべきである．X社で2000年頃に試算したことがあるが，社員1人当たりの時間コストは約9000円であった．10人集めて1時間の会議をしたら9万円かかる計算となる．情報共有のために9万円かけるというのは，過剰投資とみることもできる．

3つ目は，1つの仕事を長時間行わないことである．人の脳は1つのことに長時間使うようにはできていない．せいぜい1時間適度にすべきである（45分という説もある）．脳には休養が必要である．なぜかというと，「知的労働」だからである．脳が休養することで，創造性や集中力，モチベーションといったものが向上する［7］．

休養を人為的に取るために，休憩時間を取り外へ出て散歩したり，音楽を聴いたりする．また，強制的にインターバルを設けて時間を区切ったり，あるいは他の仕事と交互にしたりする．このあたりは脳の使い方の話になるのだが，詳しくは第5章をご覧いただきたい．「クリエイティブ脳」ということで解説している．中でも「脳の休養」についての5-2節を参考にしていただきたい．

ポイント

001. 新任の経営者は，独自のカラーを出したがるので，新たなUX活動を提案するチャンスである．
002. UXデザインやデザイン思考プロセスは，顧客から支持を得るアプローチへ寄与する．
003. 経営層から支持を得るには，UXの優位性や必要性だけでなく，コスト等を含めた総合的な優位性を説く必要がある．
004. UXデザインを適切に行うことで，開発の手戻り工数などを削減でき，原価の低減に貢献できる．
005. 目標を見失わないためには，適切なコミットメントを設定する．
006. クリエイティブ脳を活性化することが，UXデザインの生産性を向上することにもつながる．

2-6. アリの生態と組織論

アリはよく，勤勉の代名詞みたいに言われるが，実は常に働いているアリは全体の3%にすぎないとの報告がある［8］．しかも逆に，ほとんど働かないアリが25%もいるらしい．これをどう理解したらよいのであろうか．

「働きアリの法則」というのがある［9］．20%のアリがよく働き，60%のアリは普通に働き，残り20%のアリは働かないという割合を指したものだ．働きアリといっても，すべてのアリが勤勉に働くわけではないのだ．この20%は前述の25%と符号する．この数値の分布を称して「2-6-2の法則」という［10］．2-6-2の法則は，人間集団やマーケティングの世界に当てはめることもできる．

マーケティングでは「イノベーター理論」というのがあって，社会学者であるエベレット・ロジャース（Everett M. Rogers）氏によると，積極的に商品購入するユーザー（イノベーター）とイノベーターの意見を参考に積極的に購入する人（アーリーアダプター）は合わせて16%である．世の中に普及してから購入するアーリーマジョリティと，最後に購入するレイトマジョリティが合計で68%，興味がない人（ラガード）が16%である［11］．16%，68%，16%と，厳密に比率を言えば2-6-2ではないが，ほぼ2-6-2の法則が当てはまるとみてよい．つまり，20%の見込み客，60%の日和見客，下位の20%が見込み薄の客というわけである．

面白いのは「反応いき値の問題」である［12］．働かないアリ20%を排除しても，すぐに残りの80%の中からまたダメな20%が出現するそうである．これは人間集団にも当てはまるという．ダメというのは色々な見方があって，生産性が低いのか，創造的な業務が不得手なのか，計算が苦手なのか，それぞれでダメと定義できる．一概にダメと言わないほうがよい．まずは業務の得手不得手を定義し，適材適所でキャリアを計画する．“ダメな人を上手く使う”のが真の組織論である．不得手な職種から，得意な職種（能力を発揮できる職種）に換えればよいことであり，これが適材適所という鉄則の根幹である．

ところでUXデザインの組織であるが，部門として独立している場合，プロジェクトや事業分野別に配置されている場合など，実態はさまざまである．会社としてデザイン思考に取り組んでいるか否かでも大きく変わってくる．どれが正解というわけではなく，まず人事部門がUXデザインの役割をしっかりと理解しているかどうかが大事である．その意味でも，会社の中枢部門との日頃のコミュニケーションが大事でる．

独立型であれ分散型であれ，デザイナーは横の連携を欠かしてはならない．連絡会のようなものを作り，定期的に上層部へ提言するなど，チーム活動をしている企業もある．やはりここでも集合知の発揮が重要である．これができるかどうかで，いざというときの支援も得られる．連携する内容には次のようなものがある．

- HCDやUXデザインに関する最新情報を交換する．
- 「自社のUX組織をどう育てるか」などの根幹的な課題について議論し，チームとしても意見を持つ．
- UXデザインの成果の出し方やアピール方法などを議論する．
- UXデザイン，サービスデザイン，デザイン思考などを社内に認知させる方法を検討する．
- 自社のUXデザインガイドラインをまとめる，など．

アリの話に戻すと，働かないアリは種の存続に繋がるような危機になると，戦死した働くアリに代わって戦い出すと言われる．つまり非常時のために待機しているわけだ．自律的ではないが，会社組織では配置転換ということで対処することがある．転換先の多い大企業は，このあたりにも強みがあると言えるのかもしれない．

2-7. ビジネス2.0

ビジネス2.0というのは一言でいうと，仕事で使用するITシステムのOSもプラットフォームも，アプリケーションのすべてについてオープンシステム，つまりクラウドサービスを利用することである．

ビジネス2.0は阪本啓一氏が提唱している概念だが［13］，顧客との結びつきを重視し,「顧客開発」［14］を行うためにはビッグデータとかクラウドの活用が必要だということが起点にある．クラウド利用でビジネス環境もワークスタイルも大きく変化しつつある．セキュリティは確かに大事であり，手綱を緩めたために個人情報が流出する事故は後を絶たない．

ビジネス2.0の実践という意味では，昨今，社内イントラネット（オンプレミスと言う）からクラウド上のSaaS（Software as a Service，必要な機能を必要な分だけサービスとして利用できるようにしたもの）への移行（クラウド・マイグレーションと言う）が加速している．今まで内製型のサーバーシステムでやってきたイントラネットは，サービス機能の更新が遅く，またそのシステム維持も大変である．システム管理部門は疲弊している．そこで最近登場したGoogle社の「G-Suite」だが，これをみるとマイグレーションの“敷居が低くなった”ような気がする．結構な大企業も利用しているようだ．マイグレーションが加速していると言ってもよいであろう．

G-Suiteのサービス導入は簡単で，従来から使用しているGoogleドライブのデータも統合できる．またプレゼンテーション資料の作成など，いわゆるオフィススィートと呼ばれるサービスも複数利用でき，共同執筆なども可能である．ローカルなHDD内のデータも移行すれば，周辺機器がなくなり維持コスト，パッケージソフトの購入代金，管理者が削減できる．使用できるデータ容量は，数ギガレベルから無制限までありコースが選べる．セキュリティは気になるが，アクセス履歴の管理などで対処するという．ただ結局のところ，実績のあるGoogleを信頼するしかない［15］．

オフィス向けSaaSには，さまざまなものがある．G-Suiteのようにソフトウェアスィートとしてさまざまなアプリケーションがセットになったもの，ファイル保存・共有のSaaSとしてポピュラーなDropboxのように機能を絞ったものまで，さまざまある．自社の事情に沿って，慎重に選択すべきである．

2-8. インサイトエンジンと新規事業

インサイトは顧客の“隠れたニーズ”と言われる．でもインサイトを理解しただけでは意味がなく，インサイトを基に事業戦略を構築し利益を生み出さなければならない．これを「インサイトエンジン」と言うようだ［16］．

組織としてのインサイトエンジンは，部門である場合とより小さなグループである場合があり．任務としてはインサイトの探索が主なものだが，そのための戦略の策定，調査する対象である顧客セグメントの調査と定義，インサイト情報に基づくビジネス検討などが含まれる．

ここで言う「インサイト探索」であるが，ひところの「顧客訪問」や「ユーザインタビュー」と違うところは，顧客の環境に深く入り込み，現場で得られた生のデータから顧客が真に求める（それまでは明らかにされていない）“隠れたニーズ”を読み取ることにある．「エスノグラフィ調査」などとも言われる．つまり顧客中心主義を徹底するわけだ（従来からある「顧客訪問」は，開発部門視点で都合の良い点だけを観る傾向にあることから，開発中心主義と言われる）．

さらにマクロ調査なども行いながら，総合的な判断で，顧客の“隠れたニーズ”を定義するのである．事業戦略は事業化のシナリオを描くことなので，ビジネスモデル・キャンバスなどを使って，技術やリソースやサービスをどう組み合わせるかを描くとよい．進め方には3つの段階がある．

第1段階

対象とするユーザセグメントを定義して，そのセグメントごとにインサイトを探り，マクロ情報も合わせてデータベース化する．ここまではインサイト探索グループの単独の仕事である．

第2段階
デザイン/開発サイドの人間と合同チームを組織し，ビジネスモデル・キャンバスを作成する過程を通じて新規事業の構想を描く（ビジネスモデルデザイン）．この段階では利益を生む構造なども考慮する［17］．

第3段階
開発に専念する．ラピッドプロトタイピング手法も取り入れながら，サイクリックな開発を行うと失敗が少ない．

昨今の新規ビジネスはこのような方法で行われることが多く，その意味で，企業の中全体でインサイトエンジンを意識することは重要だし，この動きと並行して「デザイン思考」の導入が加速しているとも言える．

問題は，インサイトエンジンの社内での位置づけである．単なる調査部門としてしまうと，開発から離れて浮いた存在となり，得策ではない．あくまでも開発工程に組み込むほうがモチベーションの点からも有効である．たとえばシステム設計工程の一部とし，調査の報告書を「ユーザー要求仕様書」や「ビジネスモデル提案書」のようなものでアウトプットする．これを受けて，システム設計者が「システム要件定義書」をまとめるようにするわけだ．

2-9. チームワークの活性化 ～マネージャーの関与～

2016年12月号のHBR誌に「チームワークの4要素」という記事が掲載されていた．4要素とは次の4つである．

- 多様性(Diverse)
- 分散(Dispersed)
- デジタル(Digital)
- 動的(Dynamic)

近年の傾向として至極当然なことで，多様な職種や経験を持つ人を集め，分散した場所でのコラボレーションも排除せず，デジタル環境を駆使しながら，ダイナミックに活動する，ということだ．ただ，何よりも大事なのは「達成することに意義を見出せる目標」を設定し共有することだと述べてある．

遠隔地コラボレーションのシステムはたくさんあるが，形や仕組みだけ提示しても上手くいかないのは明白だ．達成することに意義を見出せる目標は何か．簡単に達成できてもいけないし，難しすぎてもいけない．また一部の人だけが意義を感じるものでもダメである．なかなか難しい．

チームは大きくしないほうがよい．大きくしすぎると，コミュニケーション不足や分裂やただ乗りなどが発生する．メンバー1人を追加した場合は，代わりに誰か1人を放出する勇気も必要だ．また担当を機械的に分担する分業は意欲を失わせるなど，注意すべきことはたくさんある（1-6節参照）．

チームワークは自由闊達にといっても，必ず守るべきルールはある．次のようなものである．

- 開始時間を守る.
- 全員に発言させる.
- 話を遮らない.
- 混乱を招く行動は厳禁（情報を隠す，他のメンバーに圧力をかける，責任を回避する，人のせいにする，など）.

チーム活動の行動規範をつくり，定期的に確認し合うとよい．また，支えとなるコンテクストを考えること．これには次のようなものがある.

- 適切な支援体制
- 情報システム
- 研修教育システム
- 物的支援
- 技術支援
- 資金，など.

マネージャーはこれらをセッティングしなければならない．分かっているがなかなか難しい，というのが本音であろう.

またチーム活動それ自体にさまざまな葛藤がある.

- 社会的手抜き：自分の貢献度が低くても集団で補ってもらえるだろうと考えて貢献を抑制し，重要なことでも発言しない.
- 生産の抑制：1人が話しているとき，他のメンバーは聞いていなければならない．それによって自分が提案するつもりだったアイディアから意識がそれ，話す気をまったく失くしてしまう.
- 評価に対する不安：ブレインストーミングのセッションでは，アイディアの評価はたいてい後のほうで行われるが，実際は自分がアイディアを口にしたと同時に，おのおのが心の中で反応することを皆覚悟している，など.

チーム活動の文化を変えることも一考である．メンバーに他部門の人を加え越境的なチームにしたり，共創活動をしたりする．プロセスも，従来のようにマネジメントが細かく進捗チェックしたり内容を指摘したりするのはやめたほうがいい．目的と期待値，またルールを指導して，運営はチームリーダーに任せるべきである（目的や期待値やルールの指導をせず放任するのは丸投げで，任せるとは言わない）．マネージャーの介入が多いと，メンバーは緊張するし，興味も失うことになる．ひいては活性化とは逆になってしまう．また，あまりに統制的なマネジメントは内向きだから，イノベーションに必要な外向きの志向とは相いれないので，デストラクティブ（破壊的）になるはずがない．

チームワークを活性化するのは難しいが，核となるのはメンバー個々の興味や成し遂げようとする熱意や意欲なので，これらのメンタルな面を阻害しないというのが，基本の考え方である．

2-10. スケールアウトな発想

スケールアップに対して「スケールアウト」という発想がある．通常，スケールアップは中心を基点にバリューを作り拡大することを意味し，スケールアウトは変革を意味する．パラダイム的には，スケールアップが経営視点で経済性を重んじるのに対して，スケールアウトは組織視点で経済性は重視しない．スケールアップは競合する組織が現れると劣位になるが，スケールアウトは積極的に変革しようとする点で強みがある．スケールアウトは組織変革であると言える．

もう少し言えば，スケールアップは量的拡大で，スケールアウトは質的革新．前者は経営視点だから，量は商品/サービスで稼ぐ．後者は組織視点だから，質の革新は人でやる．人が大事なのである．

つまり，前者がモノ・コトで，後者はココロとも言えそうである．

1つの事例は，地域と地域をつなげ異文化の知恵を掛け合わせて新しい文化を広め地域の起業家を支援する活動を行っている，「World in Asia」の活動にみることができる［18］．この活動は，政府支援の届かない震災復興の現地オルナタティブとして，文化人類学の視点からスタートしているとのことである．インターローカル（InternationalでLocal．国境とは関係のない地域間の関係性，あるいは近隣の地域との関係性のこと）な活動で，地域と地域をつなげて異文化の知恵を掛け合わせ，新しい文化を創っている．若い人たちが積極的に関わっている．

もう1つは，産後ママのメンタルケアなどに取り組む「マドレボニータ」という団体である．今までは，せっかく出産というおめでたいことであっても，子供がいると友人知人にもなかなか会えず疎遠になり，公助共助も少ないことで産後鬱になったり幼児虐待をしてしまったりと，悲しい事態となりがちであった．そこで産後ママが連携し，心のケアを通じて互いに支え合う共助のような組織を作ったのである．これはチーム型のスケールアウトだ[19]．

つまりスケールアウトするためには，自力以上の力が必要である．そういう発揮力は，セミナーなどでは磨きがかからない．宇宙船がスイングバイで宇宙に飛び出すような，推進力を変える，共助の形が必要だ．スケールアウトの形には次のようなものがある．

1. **社会が求める姿を目指したスケールアウト．**
2. **関係志向性を軸としたスケールアウト．**
3. **カテゴリージャンプを意図したスケールアウト，など．**

World in Asiaの活動は，1の社会が求める姿を目指したものと言えそうだ．マドレボニータの活動は，2の関係志向性を軸としたものと言える．スケールアウトは，目的を共にする人たちが集まって良い関係を構築し協働しながら，社会的な活動を行うものである．その意味では，ソーシャル・センタード・デザイン（7-9節参照）の1つとみることもできる．

2-11. 顧客志向ではない，今までの顧客志向アプローチ

今まで，「顧客満足」を獲得するパラダイムとして以下のようなものが存在する．①マーケティング・ドリブンによるもの，②顧客満足度パラダイムによるもの，それに③CRM（Customer Relation Management，売上・利益に貢献する“優良顧客”を増やす顧客志向のマネジメント手法）によるものである．当初の意図に反し，それぞれに問題が生じており，軌道修正や代替方法の検討が課題となっている（図2-11-1参照）．

マーケティング・ドリブンによる把握

マーケティング・ドリブンにより把握する方法とは，顧客のニーズやウォンツを見つけ，これを基に顧客の満足を提供する，というパラダイムである．ここには次のような問題点が生じている．

- クオリティの基となる概念が描けていない．
- 顧客が理性的論理的な意思決定を行うとみなしている．
- 日常的でリアルな視点がない．
- 競合との差別化に目が行きすぎている．
- マーケティングに焦点を当てており，セールス志向，など．

つまり「顧客の定義」が曖昧となる傾向にある．これはペルソナで補うことができる．

顧客満足度パラダイム

顧客満足度パラダイムでは，最終製品やサービスの満足を向上し，ブランド・ロイヤルティを確保する狙いがある．しかしここにも問題点が確認できる．

- **製品購入後や企業との接触後の満足のみを問題にしている.**
- **機能性・性能を重視しがち.**
- **結果志向であり，プロセス（経験）を問題にしない，など.**

つまり，製品志向となり，「経験」を軽視しがちである.

CRMによるもの

CRMは，顧客のデータベースを構築し，これを基にタイムリーで質の高い顧客支援を行うものである．ここでの問題点は次のようなものである.

- **顧客データベースが，量的データだけに終始してしまう（入力しやすいから）.**
- **顧客との情緒的なつながりをカバーできない（機能性以外のニーズは無視される）.**
- **ひいては顧客との関係を管理できない，など.**

つまり「顧客の理解」が定量的すぎ，かつ表層的である.

これら3つのパラダイムにみられる問題点（顧客の定義が曖昧，経験の軽視，顧客理解が不十分）により，顧客の問題がなかなか把握できず，ステレオタイプ化した理解の下で間違ったモノ・コト作りをしてしまうのである．真の満足は顧客の経験の中にある．これが「経験価値」であり，この理解を基に顧客視点でモノ・コトのあり方を考えることを「顧客発想」と言う.

今までの「顧客満足」獲得の方策
①マーケティング・ドリブン
②顧客満足度パラダイム
③カスタマー・リレーション・マネジメント（CRM）

マーケティング・ドリブン： 顧客のニーズ・ウォンツを見つけ，顧客の満足を提供する．	**顧客満足度パラダイム：** 最終製品／サービスの満足を向上し，ブランド・ロイヤルティを確保する．	**CRM：** 顧客データベースを構築し，タイムリーで質の高い顧客支援を行う

欠点

• クオリティの基となる概念が描けていない． • 顧客が理性的論理的な意思決定を行うとみなしている． • 日常的でリアルな視点がない． • 競合との差別化に目が行き過ぎている． • マーケティングに焦点を当てており，セールス志向．	• 製品購入後や企業との接触後の満足のみを問題にしている． • 機能性・性能を重視しがち． • 結果志向であり，プロセス（経験）を問題にしない．	• 顧客データベースが，量的データだけに終始してしまう．（入力しやすい） • 顧客との情緒的なつながりをカバーできない．（機能性以外のニーズは無視される） • ひいては顧客との関係を管理できない．
顧客の定義が曖昧	経験を軽視	顧客の理解が定量的すぎ，かつ表層的

真の満足は顧客の経験の中にある（＝経験価値）→ 顧客発想

図2-11-1　顧客志向ではない，今までの顧客志向アプローチ

これからの顧客志向アプローチは，これらの既存の活動に内包される限界を理解しながら，顧客の経験に注力しつつ，顧客発想を徹底しなければならない．

ポイント

007. 20%のアリがよく働き，60%のアリは普通に働き，残り20%のアリは働かない．積極的に商品購入するユーザーは16%，様子をみて購入するユーザーは68%，けっして買わない人は16%である（2-6-2の法則）．

008. 仕事で使用するITシステムやOSやプラットフォームに関して，クラウド上のオープンシステムを使用することを「ビジネス2.0」と言う．

009. インサイト探索を戦略的に行う組織を持つことを「インサイトエンジン」と言う．

010. チームワークの4要素とは，多様性・分散・デジタル・動的である．

011. バリューを作り拡大する「スケールアップ」に対して，「スケールアウト」は変革であり，組織のイノベーションである．

012. これからの顧客志向アプローチは，顧客経験への注力と，顧客発想の徹底が重要である．

参考文献

2-1

［1］ KI活動：https://www.jmac.co.jp/_images/service/consulting/pdf/147.pdf

［2］ Change Working サポートメニュー：https://office.uchida.co.jp/workstyle/supportmenu.html

［3］ 巷で話題！？『エクストリーム出社』でワークライフバランスを変えろ！：https://matome.naver.jp/odai/2137657447023278001

2-5

［4］ 労働生産性の国際比較：https://www.jpc-net.jp/intl_comparison/

［5］ 週勤4日にすべき理由：https://www.google.co.jp/amp/www.lifehacker.jp/amp/2016/09/160929four_day_work.html?client=safari

［6］ Basecamp：https://m.signalvnoise.com/employee-benefits-at-basecamp-d2d46fd06c58#.mmll6f5l9
［7］『残業ゼロがすべてを解決する』小山昇からのメッセージ：http://diamond.jp/articles/-/109805

2-6
［8］ほとんどのアリは働いていない：http://www.sciencemag.org/news/2015/10/most-worker-ants-are-slackers
［9］働きアリの法則：http://www.entrepreneur-ac.jp/report/bando/ants20121004.html
［10］人間集団における2-6-2の法則：http://www.pressure-point.info/marketing/262.html
［11］イノベーター理論：http://marketingis.jp/wiki/イノベーター理論
［12］反応いき値について：http://www.geocities.co.jp/NatureLand/9415/sikou/sikou96_hannouikiti111120.htm

2-7
［13］ビジネス2.0の時代．阪本啓一氏講演会：http://www.rakupa.com/blog/1803
［14］スティーブ・ブランク氏が語る，顧客開発モデル：http://bizzine.jp/article/detail/8
［15］G-Suite for Businessとは：https://gsuite.google.co.jp/intl/ja/about/

2-8
［16］インサイトエンジン：データから顧客を知る力：http://www.dhbr.net/articles/-/4692
［17］ビジネスモデル・キャンバスを使ってビジネスモデルを考える：https:// www.hivelocity.co.jp/blog/9820

2-10
［18］World in Asia：http://worldinasia.org
［19］マドレボニータ：https://www.35.madrebonita.com

第3章

関連部門・分野との関係を重視する

UXデザインを行う上で他分野の人々との連携や協働などの越境的な関係は欠かせない．本章では，この連携や協働を行う上でヒントとなる知識や知恵を解説する．

3-1. Win-Winと共創

共創とは，1を1に足して2以上の成果を生むような協働のことである．会社間の競争であれば，自社のコンピタンス（competence，競合他社・組織・ライバルに勝る競争力）に不足する部分を社外の人や企業に求めて協働することで，自社のコンピタンスを補いつつ，足し算以上の成果を生み出さなければ，共創の意味はない．投資への理解も得にくいであろう．

足して2以上とは，Win-Winの関係を築くことを意味している．お互いに成果を出し，共創関係としても全体で成果を生むためには，単に協働するだけでは不十分である．そのようなレベルでは，とても「新たなビジネス創造」にはならないであろう．このような共創を行うためには，次の3つの「仕掛け」が必要である．

1. **共創の場に関する仕掛け．**
2. **共創するメンバーや組織に関する仕掛け．**
3. **共創のプロセスに関する仕掛け．**

「共創の場に関する仕掛け」については，アジャイル開発（小さなチームで，企画やプロトタイピングをすばやく反復することにより，軽量な開発を行うこと）が参考になる．共創を「定期的な交流」というふうに捉えると活動が小さくなってしまうが，アジャイルな（俊敏な），つまり臨機応変に協働でき，成果を共有できるような場を作るとすると持続性を確保できる．できれば当事者の企業内ではなく，外部に協働できる仮想のプロジェクトルームのような場を持つことが望ましい．当事者間の会議室を持ち回りで使用する場合でも，協働の流れを資料化したパネルなどを持ち，状況をその都度汲み取れるような仕組みがあるとよい．

「共創するメンバーや組織に関する仕掛け」も，同様に，アジャイル開発が参考になる．参加する人や企業からは最低限の人数に絞り込み，一人ひとりがリーダーシップを発揮できる余地を持つことが大事である．またそのように仕向けていく．なるべく傍観者を作らないという意味では，ワークショップのあり方と似ているとも言える．

「共創のプロセスに関する仕掛け」は，オープンなプロセスということである．新しいビジネスには機密が付きものであるが，成果や協働の一部を外に持つことにより，周囲からの情報が入りやすくなる．これにより協働の成果が拡散していき，さらなる付加価値が生まれやすくなる．セレンディピティ（serendipity．予想外のものを発見する，探しているものとは別の価値を偶然見つける）という状況があるが，そのような効果が期待できる．

これからの企業は，持続性が課題になりつつある．変化の激しい社会・経済環境の中では，経営を継続するのはリスクを生じる面が多々ある．リスクを分散するためにも有益な社外の人や他社との共創を通じてこそ，持続可能な経営が可能となる．

次に社内での共創であるが，1つのプロジェクトとして，企画部門やデザイン部門，および開発部門や販売部門などから人員が集められ，プロジェクトチームが組織される．アジャイル型開発であれば自ずとメンバー間の結束力は強くなるが，プロジェクトチームの場合は，部門の利害が露見しやすく，対立関係が生まれることがある．

プロジェクト内において部門の利害を優先するのは問題だが，所属部門で成果を評価することから，自分の成果に目がいってしまうのは，やむをえない面もある．メンバー間で注意していても対立が生じた場合には，プロジェクトマネージャーが素早く調停する．これはマネージャーの最優先課題であるとも言える．

対立を生じさせないためには，プロジェクトがスタートした直後に，お互いのコミットメントを交換するのも得策である．コミットメントについて意見交換し，お互いを高め合うための協力関係などについて議論する．このようにWin-Win関係を築きながら，プロジェクト開発において連携するのである．

3-2. 社内での共創

社内での共創は，あるビジネス目的の下に異なる部門が共に創る活動を指す．俗に言う社内連携と似ているが，意味合いは大分違う．社内連携は，情報交換など，より汎用的な活動のために使用する一般的な言葉である．これに対して，社内共創は，新たな技術やデザインの提案や事業を共同で開発し，社内へ発信していく創造的な活動である．

先日，某HCD専門家にインタビューを行う機会があった．HCD専門家の彼女からは，HCDとして大切にしていることを聞くことができた．その中で意外な発言があった．彼女いわく「HCDの効果が出るようなプロジェクトを選んで本腰を入れる」とのこと．とても戦略的に考えている．活動の効果が出ることで，自分への評価と社内へのHCDの普及という2つを得ることを目論んでいるようだ．

HCDの方法論や知識ではなく，「誰とどう組むか」という視点も大事である．HCDに効果のあるプロジェクトを選ぶといっても，簡単なことではない．日々，上司や周囲との関係づくりが大事であり，その上でこのプロジェクトがいいと気づく感性が重要となる．

ところが，ここには危うさも同時に存在する．結果的にHCDの効果が出るプロジェクトと出ないプロジェクトが存在するわけで，これが社内で理解され容認されているならよいが，そうでない場合はバラツキとして認識される．つまり事情を知らない人々は誤解するわけだ．要は，UXデザイン組織（あるいはチーム）の発揮能力がケースバイケースで変わること（組織力のバラツキ），人材が社内の期待に合致していないこと（人によるバラツキ）などの懸念を与える場合がある．著者はこのような経験を多々見てきた．組織の中でUXデザインの機能を安定させるまでは，やはりデザイナーの気概をもった行動が求められる．いずれも，時間外勤務を奨励するものではないが．

3-3. 会議の人数について

会議などで何かを決定するときは，8人を超えてはいけないという［1］．また，経営コンサルタントの堀 紘一氏は，7人以上になると雑談が生まれやすくなるという理由から，会議は6人までとの意見を述べている［2］．そして6人にするためには，会議への貢献度で参加すべき人を判断するのがよいとのことである．つまり，貢献度の低い人（発言しない人，アイディアを出さない人）は会議に出席させないほうがよいというのである．スティーブ・ジョブズ（Steve Jobs）氏は「この会議ではきみは必要ないと思う．ありがとう」と言ったそうだが，やはり必要な人だけが参加する，という意識があったのであろう［3］．

2000年頃，著者がX社で試算した情報だが，会社が従業員にかける時間単価は1人1時間でおおむね9000円である（福利厚生や光熱費，固定資産税なども含めるとこれくらいになる）．

これを基にすると，10人で1時間の会議をやると9万円，2時間だと18万円かかる計算である．また，会議に費やされる時間は総工数の15％程度なので［4］，年間の総労働時間（最大2085時間）の15％とし9000円を乗じると，約282万円となる［5］．社員1人につき年間約282万円ものコストが会議のためにかかっていることになる．これが，コスト面からみて会議を効率化し，また生産性を上げなければならない理由だ．ただし，15％というのは1つの研究から導いたモデル値なので，実際には自社の業務分析を行って割り出さなければならない．

大企業病を考えるときに「リンゲルマン効果」が注目に値する［6］．これは，1人で綱を引くときを100％として，2人のときは，1人当たり93％というように，全体の能力発揮度が低下する．これは「社会的手抜き」とも言われる．8人だと49％だそうである．能力発揮度を高く保つということからも，会議の人数は少なくすることが望ましい．集合知といっても多ければ多いほどよい，というわけにはいかないのである．

ちなみに第2章でも言及したが，情報共有のための会議というのは必要悪と考え，できるだけ少なくすることが賢明である．つまりメールや掲示板を最大限活用するほうが生産的と言える．

ポイント

001. 共創とは，1を1に足して2以上の成果を生むような協働であり，Win-Winの関係を築くことである．
002. 共創の過程ではさまざまな軋轢が生じる可能性があるが，そのような場合はマネージャーの最優先課題として調停する．
003. 会議の最大人数は6 ～ 7人である．
004. 従業員の時間単価が9000円@1hだとすると，10人の会議1時間で9万円かかる．
005. 社員1人につき年間約282万円もの会議コストが発生している．

3-4. 越境力

専門家が専門能力を磨くには，専門知識だけ磨けばよいわけではない．デザイン思考が広がる今，専門家として必要な能力は「起案力」「連携力」「柔応力」そして「越境力」の4つである．中でも最近は特に越境力が重要になってきた．分野や文化を越えてクロスバウンダリー（Cross Boundary，分野の境界を乗り越える）な関係をうまく醸成かつ利用することが大事である．

越境力というのは著者の造語である．越境する「境」は，自分が所属する「界」の境界線である．古典的なデザインにみる強固な境界線は，他の界への不侵食を保ちながら，界の内側で切磋琢磨してきた末にでき上がったものであり，界の中の「身内」だけで仲良くする人間関係を形成してきた．これは，昨今のデザイン思考やUXデザインにおいてはマイナスでしかない．元々新しい分野であるこれらは，境界がはっきりしているものではなく，周辺の分野（UXデザインの場合は，マーケティングやサービス工学など）とかなりオーバーラップしているので，他分野の人との連携については，抵抗感はないとも言える．

ここであえて「越境」が問題となるのは，これら周辺分野を超えて，まったく異なる分野へのアプローチである．デザインであるならば，マエダ氏の言う「コンピュテーショナル・デザイン」や「ビジネスとしてのデザイン」へのスケールアウト（スケールアップにとどまらず超えてしまうこと）であるとも言える．あるいは，製品デザインにファッションや建築の知恵を取り入れる，などである．

仕事では，先行研究などを行う中で会社として異分野へアクセスしてコラボレーションを図ることもできるが，個人がやるのは少し工夫が必要である．

どの分野の人々とコラボレーションし，知恵を獲得するかは，デザイナー個人のセンスの問題であるが，著者が過去に経験したコラボレーションのパートナーは，

- メディアアーティスト
- 映像作家
- 映画関係者
- ファッションデザイナー
- 建築家
- ジャーナリスト
- 医療従事者，など

であった．

文化には，ハイコンテクスト文化とローコンテクスト文化の2つがある．ハイコンテクスト文化は文化への依存度が高く，日本やヨーロッパ諸国がそうである．ローコンテクスト文化は文化への依存度が低く，米国などがそうである．この2つの文化的な違いを乗り越えるには「越境力」が最も重要となる．越境力を養うには，異文化交流の機会を増やすしかない．

ちなみに，冒頭で紹介した他の能力，「起案力」と「柔応力」であるが，起案力は，新しいテーマを起案する能力で先行研究において特に重要となるものである．柔応力は，柔軟に対応できる能力であり，フレキシビリティに近いが，対処することに重きを置いている．どちらも著者の造語である．

3-5. CRXプロジェクトでの経験

CRXプロジェクトは，オフィス機器メーカー 3社（キヤノン，富士ゼロックス，リコーの3社による活動．後にエプソンも参加）がユーザビリティの整合について取り組んだ企業間コラボレーションである．1995年にスタートしたのだが，著者は設立メンバーの1人でもあるので，背景や連携の様子を事例として紹介する．

元々，複合機などのオフィス機器の操作パネルは，大手3社間でデザインにかなり差があり，設置先のユーザーから潜在的なクレームとなっていた．つまり，それぞれの操作性には理由や意図があるわけだが，複数のメーカーから機器をレンタルやリースしている顧客からは，製品間で操作性が異なることへの不満が示されていた．各社の調査でも，この相違が操作ミスの潜在的な要因となっている，などの指摘があった．そこで基本的な操作だけでも整合を図り統一すれば，操作に迷うことがなくなるという，ユーザー中心設計の実践としてスタートしたものだ．

発端は，くしくも，第1回目のユーザビリティ談話会（ヒューマンインタフェース学会内の研究部会として活動していた会）であった．筑波大学の海保研究室にて開催された談話会に参加していたX社の著者と，C社，R社からの参加者の3人が意気投合して，課題を共有し，後日，著者から正式にメールで活動の提案を行った．その後，各社代表者による準備会合，部門長を交えた正式な連絡会，各社社内への協力要請と経営層を巻き込んだ活動へと発展させた．特に「製品の差別化」を目指す，企画・開発部門からは反発も予想されたが，日頃，工業会などで交流している風土も相まって，予想以上にスムーズに活動できたのは幸いであった．また，排他的な利益追求ではなく，純粋な研究活動とすることから，活動自体を公表し，年間の成果も公開した．

主な成果は，基本操作の用語やシンボルの統一，ボタン配置の整合，ボタン色の整合などである．プロジェクト活動については，1999年に経産省グッドデザイン賞の「新領域デザイン賞」を受賞している．

競合メーカーは，厳しいビジネス環境を共有しており，開発事節の調整は工業会などの場で時間をかけて行うことが多いが，短期間に調整し成果を生むためには，3社程度でコラボレーションするほうがうまくいく．早く成果を出して公開し，他の競合各社に範を示すのは，主要メーカーの責任でもある．また，成果自体に疑問の余地がないことが重要で，そのためには第三者による実験や評価は欠かせないものである．

このような活動は，本来，工業会などで行うべきとの意見もあるが，実際は，参加企業が多いとても時間がかかる．実際，工業会での標準化活動には多大な時間と労力が必要である．一部企業で利益を独占するカルテルはよくないが，業界全体での活動を尊重するあまり成果を生みだすのに時間がかかりすぎるのもよくない．CRXプロジェクトのような業界をリードする主要な企業と，成果を共有し普及させる企業のように役割を分けて取り組むほうがよい．

CRXプロジェクトは10年間ほど活動し一旦終了しているが，オフィス機器のサービスシフトにより，サービス分野での活動の再開も期待されている．また，オフィス機器以外の分野（例：銀行ATMや券売機などのパブリックシステム）においても，同様の活動が望まれるところである．

3-6. 国際標準について

前節の「CRXプロジェクト」は，プライベートでかつ，標準化というよりも「調和」や「整合」を優先する活動であった．これに対して，国を代表する形で公的な標準化活動を行うのが，「国際標準化活動」である．世界の各国には，その国を代表する標準化団体がある．これを束ねているのがISO（International Organization for Standardization，国際標準化機構）である［7］．ここで制定された国際規格（IS）には，ISO 9001（品質マネジメントシステムの国際規格）や，ISO 14001（環境マネジメントシステム）などがある．人間中心設計（HCD）の国際規格であるISO9241-210:2010も，ISの1つである．

HCDやユーザインタフェースなど，UXデザインに関連する組織は，主に次の2つである．

1. **ISO/IEC JTC1 SC35：JTCとは，ISOとIECのJoint Technical Committee（合同技術部会）の略で，数字の1は，第1部会を意味している．この中で，ユーザインタフェース（UI）を担当する委員会がSC35．**
2. **ISO/TC159 SC4：人間工学分野を扱うTC159の中で，ヒューマン・システム・インタラクションを扱うのがSC4［8］．**

著者は，1の国際規格ISO/IEC 24755（モバイルデバイスの画面アイコンとシンボルの規格）のエディターを担当し，2では，ISO9241-210:2010の前身であるISO13407（インタラクティブシステムの人間中心設計（HCD）規格）を所轄する国内委員会にて規格案の審議に参画した．その経験を基に，国際標準化活動の概要を解説する．

国際規格を制定する標準化活動の，大まかな手順は次のとおりである．

1. 規格案提案書（NP:New Proposal）を作成し，国際会議で承認を得る．
2. 規格の原案（WD:Working Draft）を作成し，国際会議で審議して各国の要望を取り込み，審議案を作成する．審議案は，まずCD（Committee Draft），次にFCD（Final Committee Draft）の2つを作成する．
3. 審議案がまとまったら，DIS（Draft International Standard）やFDIS（Final Draft International Standard）を作成する．FDISになったら，内容の変更はできず，編集上の修正のみとなる．
4. FDISで規格の最終案を確認した後に，IS文書を作成し，ISO事務局に提出する．

このような作業をくり返して国際規格とするのである．著者がエディターとなり制定したISO/IEC 24755の場合で5年を要している（図3-6-1参照）．もちろん，規格案の書類は英語であり，国際会議へ出席して，審議を取りまとめるのもエディターの仕事である．一言で言えば，大変骨の折れる仕事であり，規格エディターを担当しておられる方の苦労は，経験した者でなければ分からない，大変なものである．

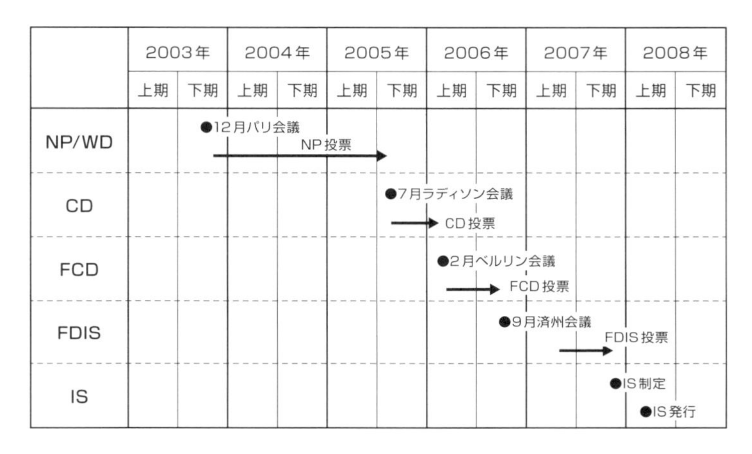

図3-6-1　IS制定までの道のり（ISO/IEC 24755の例）

このような苦労があるとしても，たとえばHCDプロセスのような重要な概念を正しく普及させるためには，国際標準化は重要な活動である．HCDの規格であるISO 13407は，2010年に改訂され，ISO 9241-210となった．プロセス規格の色が薄まり，逆に，新たな対象としてサービスが追加され，UXの定義なども追加されている．UXデザインにとっては，非常に重要な国際規格である．UXデザイン関係者には，必読の規格であると言える．

ポイント

006. UX専門家に必要なコンピタンスは，UX知識や技能の他に「起案力」「連携力」「柔応力」および「越境力」がある．越境力とは，自分の所属領域外の人と連携するための力である．

007. 「CRXプロジェクト」は主要な競合メーカーがプライベートに連携し，「調和」や「整合」に取り組んだ活動である．

008. デザイナーにとって重要な国際規格は，ISO 9241-210:2010である．

3-7. ピンポイント広告

最近，大手メディアから届いたメール広告にびっくりした.「あなたへのメッセージ動画です」とあり，つい見てしまった．動画は「こんにちは●●さま..」で始まる．まさに一対一である［9］．Facebookでも「すべて大切な時間です」ということで1分15秒ほどのプライベートムービーを作成してくれる．これらは，顧客からのアクセスを促すインバウンド・マーケティングの一事例である［10］.

インバウンド・マーケティングとは，ブログやeBook，ホワイトペーパー，ニュースリリース，動画などのコンテンツをウェブで公開し，検索の結果，ページに上位表示し，またソーシャルネットワーキングサービス（SNS）で共有・拡散されるような取組みをすることで，見込み顧客に見つけてもらい，自社やその商品・サービスに興味を持ってもらえるように仕掛けるマーケティング手法である．広告はすでに一対一の世界で進化しはじめている．ただ興味を引くだけなら，今回示した大手メディアもFacebookも成功していると言えよう.

問題はサービスといかに繋げるかであり，この点はデザイナーがイニシアチブを発揮したり，全社でデザイン思考を実践したりするしかないわけである．興味を興味で終わらせず，商品の購入やサービス利用といった消費へ導くことが求められるわけである．つまり，デザイナーへの期待が大変大きい.

3-8. 新たなデザイナーの役割 ～UXライティングという仕事～

UXというのは顧客の経験のことだが，そのUXにライティングという言葉がついた「UXライティング」という仕事が注目されている［11］．UXデザインとどう違うのか，日本ではまだ理解が深まっていない．一般にデザインが“視覚的な力”を用いて訴求するのに対して，UXライティングは，新たに生み出す顧客の経験を“言葉の力”で伝え・訴求する仕事である．

ユニバーサルデザイン（文化・言語・国籍の違い，老若男女といった差異，障害・能力の如何を問わずに共用し利用できる施設・製品・情報のデザイン）においてハプティカル（触覚的）な要素も含めたデザインや，3Dタッチやオーディオトーンのフィードバック，あるいはインタラクションのデザインなどもあるが，ギャレット氏の5段階モデル［12］でいうSurfaceの部分は，グラフィカル・ユーザインタフェースというように，主に外観的な審美性に軸足を置いている．

ところが，社内外を説得したり訴求したりする段階で，良いコピーライティングが生み出せない，端的に価値を伝えられない，など行き詰まる場面も多々ある．GoogleやAmazon，Dropboxなどでは，テクニカルライターではなくHCD/UXデザインを理解したライターという意味で「UXライター」の募集を行っている．

つまりライティングというのは「言葉のデザイン」ともいうべきものである．UXをデザインするとき，新しい経験の価値とか魅力を直接伝える（ストーリーテリングする）言葉は絶対に必要で，その役割を担うのはライターである．単なる文書表現やコピーライティングというだけにとどまらず，UXの理解に基づいて経験のコンテンツを的確に伝えるライティング能力が必要である．

言語学でいうところのシニフィアン（記号表現）を扱う人，とも言える．サービスを語る言葉は「テクスト（文章や文献のひとまとまりを指して呼ぶ呼称)」であり，それ自体に意味を持つものである．たとえば「濃密うるおい肌」という言葉に，〈非常にクリーミーでしっとりモチモチの肌にしてしまう魔力〉を感じたりするわけである．UXには，このような言葉のデザインが必要である．UXライターに求められる役割は次のとおりである．

- 社内にデザインの価値を伝え，共感を得るプレゼンテーション資料の作成．
- コンセプトのブレをなくす的確なコピーの立案．
- ストーリーテリング台本の作成．
- シナリオやユースケースの作成．
- デザイン仕様書の作成．
- UXデザイン活動を社内に告知するためのブログの執筆．など．

UXライティングの仕事は，今までデザイナーが担ってきた．しかし，デザイン思考の普及に伴い社内で関係する人々が増えるにしたがって，より的確にサービスやUXデザインの価値を伝えるためには，言葉のデザインを専門的に担当する役割が必要と考える昨今である．

ポイント

009.	UXライティングとは，HCDやUXデザインの理解に基づいて，最適なユーザシナリオやコンセプトのコピーを考える，言葉のデザインのことである．

3-9. 仕事で最高のパフォーマンスを上げる方法

仕事には役割とか目標がある．職場の文化や習慣やルールなども無視できない．また上司の人柄や仕事の流儀も人それぞれである．これらの仕事の環境を克服しながら最高のパフォーマンスを出すには，仕事に取り組む戦略が必要である．ここでは，その戦略的なアプローチを解説する．

仕事で最高のパフォーマンスを出すための戦略は，大きく分けて次の3つである．

（1）嫌だと思う仕事を朝一に行う．
（2）時間の使い方にメリハリをつける．
（3）アンカリング効果を利用する．

嫌な仕事は朝一で

仕事には好き嫌いがどうしてもある．概して好きな仕事は得意であり，嫌いな仕事は不得意である．得意な仕事は乗ってしまうため，どうしても先に取り掛かってしまい，嫌いな仕事を後回しにしがちだ．後に嫌な仕事があると，憂鬱な気持ちで一日を過ごすことにもなり，結果的にパフォーマンスが上がらないまま，その日が終わってしまうことになる．そこで，得意先に謝りの電話をするとか，嫌いな上司に報告するなど，不得意で嫌いな仕事は朝一で済ませてしまうことだ．それにより気分もスッキリし，マイペースも作りやすくなる．会議などで時間を取られたとしても，得意であり好きな仕事なら短時間でも何とかなる．一日を好きな仕事で終わらせるとストレスがたまらず，アフターファイブも楽しく過ごせる［13］．

時間の使い方にメリハリをつける

仕事のパフォーマンスという意味では，ダラダラ仕事をするのが一番良くない．1つの仕事を長時間行うのではなく，適度に休憩を取りインターバルを設けてこなすとよい．そのためには一日の作戦が大事だ．そして作戦を立てるのに好都合なのは通勤時間である．通勤時間を単なる移動のための時間として過ごすのではなく，その日の仕事の作戦を立てる時間として過ごすとよい．

仕事のインターバルは最大でも2時間である．メリハリという点では，1時間集中して10分休むのがよい．報告書を1時間書いたら10分休んで次の1時間はメールをチェックする，などなど．そして会議も，2時間も3時間も続けるというのは非効率である．会議の主催者に「自分で設定した納期があるので1時間で失礼します」などと最初に断り，中座するぐらいでよい．会議時間を短縮するためには，立ち会議などを取り入れるのも有効である．また会議そのものを減らす努力も必要だ．会議時間が増えると自分の仕事時間が圧迫され，結果的にパフォーマンスが悪くなる［14］．

アンカリング効果を利用する

アンカリングは心理学用語で，初期に心に植えつけられた事象が後々まで残りそれ以降の考えを縛ってしまうことを指す（1-12節参照）．このアンカリングを積極的に利用することが，スポーツの世界では行われている．つまり，過去に最高のパフォーマンスを出した試合や自分のプレーなどを思い出し，そのときの気持ちを振り返ることで再び最高の心理状態に持っていくようにするのである．メジャーリーグのイチロー選手が，バットを立てて構えることや，ラグビーの五郎丸選手のキック動作など，ルーティンと呼ばれる動作がそれである．過去に出した最高のパフォーマンスとは，ある意味では「成功体験」とも言える．成功体験を積み重ねることで，人は成長できる［15］．

さて，仕事に取り組む戦略の一つひとつに具体的な作戦が必要である．それは人それぞれ違う．最後は自分の流儀や置かれた状況も考慮して，無理のない作戦を立てることが重要である．作戦に無理があると続けられないからである．また，ストレスが溜まって，かえってパフォーマンスが落ちることにもなりかねない．良いパフォーマンスを発揮するためには，まずは健康でいること，そしてストレスを溜めないことが大事である．そのためには，長時間残業などは避けるべき．健康維持のため一日の労働時間を1時間減らしたら，かえってパフォーマンスが上がったというデータもある．

その他，仕事の仕方を変える方法として「インターバル法」や「ポマドール法」などがあるが，これらは第1章にまとめて解説している．

3-10. マーケティングとの関係

2-1節で「サービスデザインはマーケティングとの親和性も高い」と述べた．これは次のような背景による．

マーケティングは，商品やシステムの購入，有償サービスの利用に至るまでが守備範囲であるが，実はこれは，ユーザー体験でいう「予期的UX」の段階に相当する［16］．つまり，もともとUXデザインの対象範囲なのである．UXデザインが予期する段階をサポートすると言っているので，マーケティングと利害が一致するのである．またサービスシフトにより，マーケティングも新たな顧客関係を模索している．これもUXデザインへのアプローチを動機づける理由となっている．

実はマスマーケティングの限界説はかなり前から言われている．テレビCMなどは一定の効果はあるようで，放映直後には商品が売れるとの話も聞く．媒体別広告費の推移を見ると，新聞雑誌は減っているが，テレビCMはほぼ横ばいで推移している．しかし，それを上回る伸びを見せているのがインターネットとプロモーションメディア広告（折込チラシ・DM・フリーペーパーなど）である［17］.

しかし最近は，テレビCMも敬遠される傾向にある．CMになると3デシベル音量が上がってウルサイとか，最近では「追っかけ再生機能」などを使い，あえて録画して番組を観る人も多いと聞く．このような変化にしたがって，マーケティングの手法も変化している．たとえば，「インバウンド・マーケティング」や「コンテンツ・マーケティング」など，新たな手法との組合せでマーケティングを行う傾向にある．これらにインターネット媒体が使われている．

インバウンド・マーケティング

インバウンド・マーケティングとは，要は“見たくなる”や“知りたくなる”を刺激するマーケティングである．従来は一生懸命顧客を追いかけていたが，顧客の興味や関心を醸成し，顧客側から能動的なアクセスを増やすことを目指すものだ．このマーケティング手法を提唱した米HubSpot社のブライアン・ハリガン（Brian Halligan）氏によると，「一般消費者を特定の商品やサービスに対する顧客に育て上げていくための，ステップやツール，ライフサイクルの総称」ということである［18］.

コンテンツ・マーケティング

コンテンツ・マーケティングとは，テレビCMや雑誌，インターネットなど複数のメディアを連携させたコンテンツをシナリオ化して展開する手法で，ウェビナーやeラーニング，グッズの販売やイベント開催など，顧客が広告対象に興味を持ち積極的にアクセスする状況を生み出す．これも顧客に見つけてもらうマーケティング手法である［19］．なお，コンテンツ・マーケティングは，ブランディングとも密接に関係する．コンテンツはSNSで拡散されやすく，話題性のあるものに注目が集まるからである．

その他，Twitterのリプライ機能をフルに使った「リプライ・マーケティング」とか，ダイレクトに商品を見せるのではなく体験や世界観といった情緒的な付加価値を訴求する「ストーリー・マーケティング」など，色々工夫があるようだ［20］．後者なども予期的UXと重なるものである．

btrax社CEOであるブランドン・ヒル（Brandon K. Hill）氏は，「2017年からはユーザー体験こそがマーケティング戦略の主流である」と述べている．2016年に開催されたイベント「Marketing Special DAY」でホテルチェーンAirbnbの話があった（詳しくは7-6節参照）．Airbnbは，ニッチなニーズを見つけてサービス展開し，そのユーザー体験を改善していくことをマーケティングの柱としているようだ［21］．マーケティング関係者は，今後ますますUXデザインから目が離せないであろう．

ポイント

010. インバウンド マーケティングとは，顧客からのアクセスを促すマーケティング手法である．
011. UXライティングとは「言葉のデザイン」であり，新たなUXの価値や魅力を社内外に伝えることが役目である．
012. UXデザインはマーケティング界からも新たな強みとして注目されている．

参考文献 ほか

3-3

[1] 8-18-1800ルール：http://ift.tt/1MFBZav

[2] 参加人数は6人まで？ 会議の際に意識しておきたいコミュニケーション術：http://www.lifehacker.jp/2016/10/161024book_to_read.html

[3] スティーブ・ジョブズが会議に参加していたら？ 守らねばならない3つのルール：https://www.businessinsider.jp/post-51?utm_source=dlvr.it&utm_medium=facebook

[4] 15%の時間：http://bit.ly/2g4FA88

[5] 計算方法：365日ー（土日祝日と年末年始/夏休み/GWで136日）＝勤務日数は約230日 230×8=1,840時間（年間の勤務時間）1,840×9,000=1,656万円（会社が支払う社員コスト）

[6] リンゲルマン効果（社会的手抜き）：http://kaigolab.com/column/14087

3-6

[7] 通信分野については，ISOとは別にIEC（International Electrotechnical Commission，国際電気標準会議）という国際組織がある．ISOとIECは，独立した別組織としてマネジメントされている．ただ，UI分野ではアイコンのデザインなどで作業が重複しており，混乱する場面も多々ある．このため，重複する分野についてはJTC（Joint Technical Commitee）ということで，統一した組織を設けている．このうち「Information technology分野」を担当するのが，JTC1である．UI分野は統一した組織で稼働しているが，図記号との整合は，今後の課題となっている．

[8] 人ISO/TC159の活動と組織：https://www.ergonomics.jp/iso_jis/iso_tc159.html

3-7

[9] One to Oneマーケティング：https://ja.wikipedia.org/wiki/ワントゥワンマーケティング

[10] インバウンド・マーケティングとは？ 5分でわかる総論と実践のポイント：https://innova-jp.com/5min-to-learn-inbound-marketing/

3-8

[11] UXデザイナーと何が違う？最近話題の新しい職種「UXライター」とは？：https://ferret-plus.com/6007

[12] The Elements of User Experience：http://www.jjg.net/elements/pdf/elements.pdf

3-9
[13] 1日の使い方，仕事の優先順位をどうするか？：http://president.jp/articles/-/10760
[14] メリハリをつけるコツ6選：http://the5seconds.com/vary-the-pace-10631.html
[15] アンカリング効果とは？使い方の例｜マーケティング，仕事，日常で使える：https://brave-answer.jp/5418/

3-10
[16] ユーザエクスペリエンス(UX)白書：http://site.hcdvalue.org/docs
[17] 媒体別広告費の推移：http://www.garbagenews.net/archives/2031422.html
[18] インバウンド・マーケティングとは？：https://innova-jp.com/5min-to-learn-inbound-marketing/
[19] いま話題のコンテンツ・マーケティングとは何か?：https://dentsu-ho.com/articles/1532
[20] ソーシャル時代のストーリー・マーケティング：http://www.itmedia.co.jp/enterprise/articles/1304/10/news016.html
[21] 2017年からはユーザー体験こそがマーケティング戦略の主流になる ~UX for Marketing~：http://blog.btrax.com/jp/2017/01/09/ux-for-marketing/

第 4 章

最新技術をひも解く

デザイン提案を行う上で，最新情報は欠くべからざるものである．UXデザインでも同様である．特に，サービスの利用技術やユーザー支援の技術を理解しておくことは必要不可欠である．本章では，AI技術やブロックチェーン技術，シンギュラリティなどの最先端技術とUXの関係の話から，これらの最新情報を知る方法にいたるまで，一連の知識や知恵を解説する．

4-1. 紙とIoTとUX

ロンドンのMOOというプリントサービス会社では，ICチップを組み込んだ名刺を20枚3200円ほどで提供している［1］．日本では名刺にICチップを組み込むニーズはまだないようだが，ビジネスシーンでは利用価値は高いと思われる．

富士ゼロックスでは，紙出力できる「電子ラベル」というものを技術開発したようだ［2］．このラベルは36ビットの書き換え可能なメモリー容量を持つ．紙はなくならないと言われて久しいが，ITの進化とともに紙も進化している．

スカイコム社は，地紋情報技術により，プリント情報のログ管理を行うサービスを提供しているが［3］，このようなパッシブなものだけでなく，ビーコン技術を活用したアクティブなものもある．富士通の超薄型軽量のセンサービーコンである［4］．現在の用途はイベント運営支援ということだが，この技術を応用すれば，紙からID情報をビーコニングして，カメラでID認証し情報を閲覧するなど，紙とカメラの連携などもありうる．EPSONもビーコンとウェアラブル端末の連携を始めているようである［5］．

ところで紙はもう何年も前から「ペーパーレス」と言われながら，2008年までは消費量が増えていた．これは，紙に頼る検図や校正，電子メールを印刷して読んだり情報を紙で手元に置いたりする習慣，コピー費用の低下，などによる．ところが2009年頃からの環境保護意識やスマートフォンの普及により，ようやく年間消費量が減りはじめている．

「紙の価値」がスマートフォンなどの普及によって相対的に低下した結果，紙の電話帳は使われなくなり，航空券などのeチケット化，新聞雑誌の電子出版化などが加速している．これからは，紙とITが融合した世界の中で，「紙とITを組み合わせたUX」が注目されるであろう．また，有機ELディスプレイや電子ペーパーのような，“紙を代替するもの”も普及し進化するであろう．

このように，紙のIoT化，あるいは紙が直接ネットワークへ接続することで，紙の良さを活かしながらも新たなワークプラクティス（仕事の実践のこと）が生まれるものと思われる．

まとめると，今までの紙は引き続き減り続ける．一方，紙は最新のICT技術と融合してIoT化やインテリジェント化し，新たなワークプラクティスにより，さまざまに発展するであろう．IoT化やインテリジェント化で新たな需要も生まれるため，紙は増加し続けるであろう．UXデザインとしては，このような“新たな紙”を組み入れたサービスなど，新たなUXの提案は有効なものとなるであろう．

4-2. AIとUXデザイン

AIは，人間の記憶・仕事・社会生活を改善し，人間社会に多くの便益を与えるものと期待されている．Siriの共同開発者であるトム・グルーバー（Tom Gruber）氏のTED Conference（ニューヨーク市の合同会社であるTechnology, Entertainment and Design(TED)が，毎年，バンクーバーで開催している，大規模な世界的講演会）を観ていたら[6]，「私たちは人工知能におけるルネッサンス時代の真っただ中にいる」とのステートメントがあり，印象深かった．AIやロボットは，第4次産業革命と言われる．まさに「AIルネッサンス」の大きなうねりの中にいるのであろう．

AIはUXデザインをも支援するであろうか．もしかしたら，将来，ペルソナを基にUXをデザインすることはなくなるかもしれない．ペルソナは，代表的なユーザー像を同定して可視化し，組織内で共有するためのツールである（1-5節参照）．ペルソナを基に製品やシステムやサービスを市場へ投入し，顧客の共感を得ようとするわけだが，各ユーザーを「代表」という固有のパターンで捉えることから，一人ひとりの実ユーザーとの微妙なズレには目をつぶることになる．その背景にはやはり，開発の効率化という問題がある．

UXの中でユーザーへ小気味の良い動機付け（UXナッジと呼ぶ）を考える場合，究極的には一人ひとりに合った良いUXナッジを繰り出すことが理想であるとも言える．もはや汎用的な“おすすめ”では，ユーザーが動機付けられない．そこで，UXナッジの質が大事となり，これが勝負の分かれ目となるような気がする（UIナッジについては，1-12節参照）．

AIを用いることで，ユーザーの一人ひとりに適合した（ぴったり合った）UXナッジが繰り出せる．このためには，サービスの中にAIを組み込む必要があるが，クラウド上で機能するAIなども出てくるものと思われる．サービスにおけるAI導入・自動化・IoT化などにより，個人対応のカスタマイズも可能になるであろう．

グルーパー氏の話には「エンジニアがデザイン（設計）の要素をインプットするとAIが数百のデザイン案を提示する」というフレーズもあって考えさせられる．まさに古典的なデザインに従事するデザイナーは不要となる時代がくるのか．芸術的な要素は，事前にスタイルガイドや，アレンジの方法としてGマーク受賞製品の情報などをAIに記憶させておけばよい．その場合，デザイナーはより綿密なスタイルガイドを作ることにのみ注力することになるのだろうか．

米国の製造業が衰退して久しいが，30年くらい前のゼロックスのデザイン組織でも，スタイルガイドの作成だけを仕事にしている人がいたから，まんざら妄想だけでもなさそうである．

UXデザインの調査も，行動分析や感情認識技術などにより，かなりの部分が自動化されるものと思われる．その中で，先行提案を行うアドバンストUXデザイン（AUXD）の重要性がさらに増すであろう（6-1節で詳しく解説）．

4-3. プロシューマー時代とCtoB

アルビン・トフラー（Alvin Toffler）氏が提唱してから35年が過ぎ，やっと「プロシューマー時代」が到来した．プロシューマー（Prosumer）とは，トフラー氏の造語だが，「生産消費者」を指し，生産者（Producer プロデューサー）と消費者（Consumer コンシューマー）が融合した人物のことである．昨今では，彼らを称してメイカーズ（Makers）という呼び名が定着している．

なお，元になる語としてトフラー氏が唱えたProsumerの「Pro-」はProducerであるが，著者は，Producerではなく，Professionalも加えるべきであると考えている．

2000年代より，デジタルファブリケーション機器を揃えた工房やカフェ(例：FabLab，FabCafe)，あるいはウェブによる資金調達（クラウドファンディング）など，プロシューマー支援の仕組みが整いつつある．プロシューマーを支援する企業も増え，3Dプリンタ技術なども進化している．今後は，ますますプロシューマーが活躍する機会が増え，彼らが中心となり，企業から注文を受けて行うビジネスが加速するであろう．このビジネス領域を「CtoB」と呼ぶ．CtoBには，専門家自身が成果物まで関与する役割の広がりがあると考える．

博報堂の夏目らは，「情報力・選択力・教養力を持った賢い消費者がNPOや地域の中小企業と連携して社会にとって有益なものを生み出す」と述べている[7]．著者は，この賢い消費者を「プロシューマー」と捉え，情報力・選択力・教養力を「情報力・越境力・デジFab技術力」と読み替えている．

情報力は，SNSや人的ブリッジを活用して情報収集する力である．越境力は，分野を越えて（越境して）結びつき関係を構築する力である．デジFab技術力は，デジタルファブリケーション関連の技術（3Dプリンタやレーザーカッティングなど）を使いこなす力である．これからのCtoBの担い手は，これらのコンピタンスを持った人々である．

また，CtoB時代の，プロシューマーと企業の連携による新たなビジネスとして，「プロシューマー支援ビジネスの拡充」，「共創の場・共創を仕掛けるサービス」などがさらに求められるであろう．これらの中には，UXデザインのネタが多く含まれている気がする．

4-4. シンギュラリティとUX

シンギュラリティという言葉は，ご存知のとおり，コンピューターが人間の知能を超えAIが人類を支配しはじめる状態のことで，技術的特異点（Technological Singularity）とも言われる［8］．米国の未来学者レイ・カーツワイル（Ray Kurzweil）氏が2005年に提唱した概念で，その特異点は2045年とされている［9］．Wikipediaには「1000ドルのコンピューターの演算能力が人間の脳の100億倍」ともあるから，まさしく「人間を超える」である．そんな時代のUXはどんなものなのか．

一方で，スティーブン・ホーキング（Stephen W.Hawking）氏は，「人工知能が自分の意志をもって自立し，そしてさらにこれまでにないような速さで能力を上げ自分自身を設計しなおすこともありうる．ゆっくりとしか進化できない人間に勝ち目はない．いずれは人工知能に取って代わられるだろう」と警告している．シンギュラリティにより，確実に職は奪われるのだ．

ここで面白いガイドラインがある．コンピューターの視点に立った，「人間との話し方」というものだ［10］．

- **ものごとを簡素にする：**
  メッセージを短く．可能であれば言葉を用いるのはやめる．
- **人間には概念モデルを与える：**
  概念モデルはフィクションであるが人間には役に立つ．それによって彼らに理解したと思わせることができる．
- **理由を示す：**
  スリップ（間違い行動）させたりするのは，どんな言葉よりも彼らに危険感を与えることができる．彼らに伝えようとしてはいけない．経験させるのである．
- **人間が制御しているように思わせる：**
  人間は非常に不得意であるにもかかわらず，制御するのが好きである．彼らは自分が制御していると思いたがる．
- **絶えず安心させる：**
  我々機械にとって必要もないのにコミュニケーションすることは意に反している．しかし，人間にとってはフィードバックが不可欠である．

シンギュラリティの時代は，AIがコンピューターを作る時代でもある．きっとAIは，このようなルールに基づいてコンピューターを作るであろう．

シンギュラリティ時代の楽しみや幸福感であるが，「テーマパークのアトラクションをVRシミュレーターで楽しむ」というUXがある．テーマパークや映画やピクニックに行く楽しみはなくなり，自宅ですべてが済んでしまうわけである．映画は映画館級画質のものが自宅で観られるようになるので「楽しみ」の概念は大きく変わる．つまり体験の擬似体験化とでもいうべきか．

また，“現実を忘れるための体験”とか“実現できないことの体験”なども考えられる．つまり，混沌としたダークな現実から逃避し，華やかでクリアな仮想の世界を体験するわけである．その意味での擬似体験である．

そうなると，その体験にどう導くか，体験の前段階のUXがより重要になるのではないだろうか．ただし，ときには，トランジッション（遷移）を省いて一瞬で移行してしまうようなドラマチックなUXもありうる．コンテクストに沿ったニーズなどは意識する前にAIが察知してお膳立てしてくれるので，自然と，しかもスムーズにしたいことができるようになるであろう．逆に言えば，自然と，しかもスムーズに擬似体験を体験できるように，UXデザインを洗練化しなければならないわけだ．

また，人としてのプリミティブな部分（たとえば恋するとか，大切に思うとか，幸福感を感じるとか）に対して，つまりより自我に近い部分での精神的な充足や快楽を今まで以上に求めるようになるであろう．

自己充足を助けるツールとして「害の少ない麻薬」のようなものが出てくるかもしれない．海外ではすでに医療用大麻が使われている．SF映画で観る未来の繁華街では，そのような酩酊感を味わう装置も描かれている（例：映画『マイノリティ・リポート』に出てくる酩酊ボックスなど）．

シンギュラリティ時代の仕事についてであるが，AIが奪う仕事として，次のようなものがあげられている [11]．

- 小売店販売員
- 会計士
- 一般事務員
- セールスマン
- 一般秘書
- 飲食カウンター接客係
- 商店レジ打ち係や切符販売員
- 箱詰め積み降ろしなどの作業員
- 帳簿係などの金融取引記録保全員
- 大型トラック・ローリー車の運転手
- コールセンター案内係

- 乗用車・タクシー・バンの運転手
- 中央官庁職員など上級公務員
- 調理人（料理人の下で働く人）
- ビル管理人

要は，ルーチン化されている仕事は，AIとロボットに置き換えられる可能性が高い．一方で，AIやロボットの維持管理や付加サービスなどへの需要が高まり，この分野に関する雇用が増加するであろう．つまり，シンギュラリティ時代を踏まえて転職準備し，AIやロボットを維持管理する仕事へ従事することが肝要である．なお，新たに生まれる仕事には次のようなものがある［12］．

- 3D印刷屋
- デジタル通過アドバイザー
- 物事をシンプルに捉えられる専門家
- ゴミの設計者
- 都会の農家（垂直農場）
- バイオフィルム設置者
- ノスタルジスト，など．

ここで，ノスタルジストとは，夢想へのいざないを担う人である．現代のスキルとしては小説家などが該当するが，“夢想へのいざない”という視点はまだない．シンギュラリティ時代でもなくならないのは，次のような仕事である．

- ダンサー
- ファッションデザイナー
- 弁護士
- 配管工
- 薬剤師
- 警察官，など．

これらはあくまでも例である．戸惑いもあるかもしれないが，変化を阻止できるわけではないので，核心の部分とは言えないまでも，周辺部でやれることを見出すしかない．その意味で，辛い状況はありうる．UXデザインに従事するデザイナーが含まれるかどうかは分からないが，行動分析や感情認識技術などにより，かなりの部分が自動化されるものと思われる．そんな中，先行提案を行うアドバンストUXデザイン（AUXD）の重要性がさらに増すであろう（6-1節に詳しく解説）．

「夢想」や「空想」など，人間がするこれらは非合理的な行為なので，AIには理解できず邪魔されない．そこで，AIが察知できないような思考法などが生み出されて，これを操るようになるであろう．非合理性で立ち向かえばAIをあざむくことは可能かもしれない．現代のサービスにおいて非合理性は嫌われるが，これはユーザーが求めないからではなく，システムが対応できないからである．しかし，非合理性しか人間の尊厳を保つことができないとしたら，非合理なUXというのも許されるべきである．ただサービス提供は難しいであろうが．

4-5. ブロックチェーン技術とUX

ブロックチェーンとは，仮想通貨の取引データをネットワーク上で分散管理・監査する方法として生み出されたものである．通貨の台帳をネットワーク上に分散して利用者が共同管理するものなので，公的な通貨の場合のように中央(銀行)で集中管理するものではない．したがって，システムダウンなどによる取引停止や，不正取引などを防止できるとされる．取引履歴も公開されている．1990年代にネットワークが登場して以来の懸念，つまりデータの真偽が担保できない，すなわち“正しいものが分からない状況”を解消し，自律分散型の社会を実現するものとして期待されている．

そのような期待もあって，ブロックチェーンは，インターネット誕生以来の革新的なテクノロジーであると言われているが，UX的にみても優れたものである．インタフェースの作り方によっては，“信用の担保”や“取引の公平性や効率性”などの特性を活かした，さまざまなサービスへ応用が可能である．現に，さまざまなコミュニティやスタートアップでサービス開発が進められている［13］．

たとえば，企業が提供する動画を見るだけで，仮想通貨がもらえるというサービスがある［14］．この仮想通貨をポイントやギフトカードに変えれば，さまざまなUXやマーケティングへの応用が可能である．また音楽分野でも，ミュージシャンが対価を得るプロセスの効率化などにもブロックチェーン技術が使われている［15］．すでに「ブロックチェーン・マーケティング」というものも出てきており，また活用のユースケースもさまざま提案されている［16］．

経産省も，IoTの次がフィンテックで，その次の技術がブロックチェーンだと認識している．仮想通貨で始まったブロックチェーンだが（ビットコイン1.0），金融以外へのサービスの広がりを踏まえて「ビットコイン2.0」という言葉も生まれている［17］．

UXとしても可能性が広がるブロックチェーンだが，どのようなサービスとして，どのようなジャーニーを与えるかなど，UXデザインとしても早期のキャッチアップが急がれるところである．

4-6. フューチャー技術をどう獲得し咀嚼するか

ここに，著者が用いている情報収集のための1つの雛形がある．フューチャー技術を把握するため，BtoBのシステムやサービス向け先行提案のために著者が作成したものである（図4-6-1参照）．

(a) エクスペリエンスとインタラクションとビジネスソリューションの関係

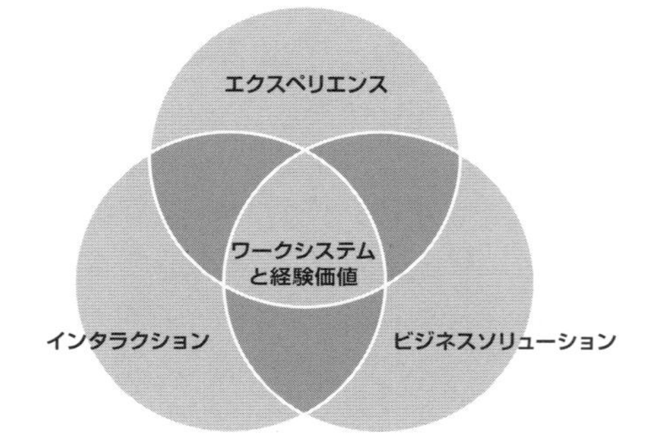

(b) ワークシステムと経験価値のブレイクダウン

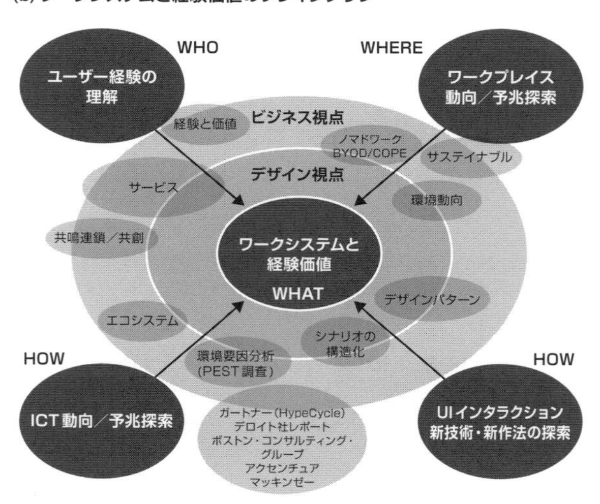

図4-6-1　フューチャー技術の情報マップ

（a）は，エクスペリエンスとインタラクションとビジネスソリューションの関係を見ようとする意図があることを示している．ワークシステムにおける経験価値は，経験そのものと，仕事におけるさまざまなインタラクションと，利用するビジネスソリューションによって決まってくる．（b）は，（a）を，Where（どこで）Who（誰が）What（何を）How（どのようにして）の4つにブレイクダウンして経験価値をひも解こうとしている．その4つのブロックとは次のようなものである．

1. who：UX（経験する人そのもの）
2. where：ワークプレイス動向
3. how：UIインタラクション技術の探索
4. how：ICT動向

この4つが"情報収集の観点"である．それぞれに，ビジネスの観点とデザインの観点がある．これを雛形として，情報を入手しまとめるわけである．

フューチャー技術とは，これからの社会を支えたり，イノベーションをドライブしたりするような技術であり，これからのUXをデザインする場合に必要となる情報である．これからのUXをデザインすることを「アドバンストUXデザイン（Advanced UX Design：AUXD）」と呼ぶ．AUXDとして必要な情報は，ビジネス分野に応じて，まず観点を定めるべきである．著者のアイディア（図4-6-1参照）は，1つの例として参考にしていただきたい．

観点が定まったら，手分けして，デスクリサーチやインタビューで一気に情報を集める．その場合は，1～2週間で期間を区切る．情報収集の期間が長すぎると調査が散漫になってしまい，結局まとまりのない情報体系ができあがるからである．調査期間を短く設定し，期日がきたら不十分でも一度区切って要点などを整理した上で，先行提案のアイディア出しに着手する．情報が不足していると思われる場合は，追加の調査をすればよい．情報収集が目的なのではなく，その後のAUXDを効果的に行うことが目的である．

調査観点を1つにまとめておく利点は，ビジョンを反映しやすいことと，複数のプロジェクトで情報を活用できることである．もちろん，観点などは年々見直してもよいが，元々，数年の使用を想定して観点化しておいたほうがよいことは，言うまでもない．

ポイント

001. 紙のIoT化，ネットワークへの直接接続により，紙の良さを活かしながらも新たなワークプラクティス（オフィスワークのUXのこと）が生まれる．
002. サービスへのAI導入・自動化・IoT化などにより，ユーザー個人へのカスタマイズも可能となる．
003. プロシューマーのコンピタンスは，情報力・越境力・デジFab技術力である．
004. シンギュラリティ時代では，AIやロボットの周辺で維持管理や応用サービスを提供する仕事が有望である．
005. 将来のUXをデザインすることを「アドバンストUXデザイン（Advanced UX Design：AUXD）」と呼ぶ．
006. フューチャー技術の情報は，まず収集する情報の観点を定める．
007. フューチャー技術の調査は，短めに期間を設定し，期日がきたら不十分でも一度区切って要点など整理してAUXDに活用する．

参考文献

4-1

[1] Business Cards+：http://www.moo.com/uk/products/nfc/business-cards-plus.html?utm_source=Product+announcement& utm_medium=email&utm_campaign=Promotion_NFC_Launch_ 2015-10-06&utm_source=designernews

[2] 富士ゼロックスの電子ラベル：http://www.gizmodo.jp/2015/10/xeroxprintable.html

[3] スカイコムの地紋情報技術：http://www.skycom.jp/news/2015/1006100000.php

[4] 富士通のセンサービーコン：http://journal.jp.fujitsu.com/2015/09/18/01/

[5] エプソンのBLE Beaconに対応した業務用の脈拍計測機能付き活動量計：http://www.epson.jp/osirase/2015/151005.htm?fwlink=jptop_news_151005

4-2

[6] AIはいかに人の記憶，仕事，社会生活を改善するか：https://www.ted.com/talks/tom_gruber_how_ai_can_enhance_our_memory_work_and_social_lives?language=ja#t-2168

4-3

[7] CtoB社会：https://www.j-mac.or.jp/mj/download.php?file_id=260（直接ダウンロードします）

4-4

[8] 技術的特異点：https://ja.wikipedia.org/wiki/技術的特異点

[9] 2045年：http://eco-notes.com/?p=794

[10]『未来のモノのデザイン』（ドン・ノーマン，新曜社，2008）より抜粋

[11] 週刊ダイヤモンド，2015.8.19記事：http://diamond.jp/articles/-/76895?page=2

[12] 将来，人工知能にのっとられない職業14選：http://ideasity.biz/new-jobs-of-future-14selection

4-5

[13] ブロックチェーンベンチャーの未来は?～世界のFintechユニコーン企業5選～：https://blockchainexe.com/fintechunicorn/

[14] 和製の仮想通貨c0banがもらえる：https://prtimes.jp/main/html/rd/p/000000023.000019622.html

[14] ujoMUSIC：https://ujomusic.com/

[16] どれくらい知っていますか?世界のブロックチェーンサービス例まとめ：https://blockchainexe.com/blockchainservise/

[17] 平成27年度 我が国経済社会の情報化・サービス化に係る基盤整備（経済省 商務情報政策局編）：http://www.meti.go.jp/press/2016/04/20160428003/20160428003-1.pdf

第5章
クリエイティブ脳を使う

クリエイティブ脳は，誰にでもあるが，活用しきれていない面もある．新しい事業やサービスを企画しようとするとき，クリエイティブ脳を活性化することが，価値創造にもつながる．本章では，クリエイティブ脳のあり方や活用方法などを解説する．

5-1. クリエイティブ脳とは

クリエイティブ脳とは，日々の暮らしをより良くするために，創造的な発想を受け入れ，自分の頭をポジティブに思考を巡らせる土台となるものである．ポジティブな思考は，良い経験を発想するUXデザインにとって，とても重要である．UXデザインに従事する者は，常にクリエイティブ脳の活性化に努めて，ポジティブ思考を維持してほしい．

脳が活性化するとは，脳内のさまざまな部位をつなぐネットワークの活動が活発になるということである．脳の部位はそれぞれで異なる役割を持っていて，たとえば，大脳皮質は思考をつかさどり，大脳基底核は記憶や学習をつかさどる．したがって，それら部位の連携を高めることが活性化の本質である．人がクリエイティブな思考をしているときに，脳内のさまざまな部分をつなぐ神経ネットワークの活動に特徴的な反応が見られたことは，医学的にも立証されている．

クリエイティブ脳は，イノベーションを理解する上でも役に立つ．米マーケティング・コンサルタントのサイモン・シネック（Simon Sinek）氏が「ゴールデンサークル理論」というものを展開しているが，これも脳機能の解釈に基づいたものである．

ゴールデンサークル理論では，事業の成功はWhyを明らかにすべきとする．つまりビジョンを考え明確にすることが重要である．Apple社のようにイノベーションで成功するためには，「なぜするのか」を明確に持ち，これに沿って事業を展開しないといけないそうだ．そしてこの「なぜ」を明らかにするのは大脳辺縁系である．大脳辺縁系は脳の中心部であり，動物的な本能に近い感情をつかさどるという．中心部であり本能に制約されるので，この部分をコントロールするためには活性化がどうしても必要である．詳しくは5-8節で述べている．

5-2. 音楽とクリエイティブ脳

適度な環境音は「クリエイティブ脳」を刺激する［1］．ブリティッシュコロンビア大学教授のラビ・メッタ（Ravi Mehta）氏が65名の学生に対して実験した結果，適度な環境音は70dB（デシベル）であることが分かったそうである［2］．

適度な環境音があると（無意識のうちに）「より難しい仕事に集中しようと意識するようになり，さらに創造力のレベルも上がる」そうだ．70dBとは，ちょうど，カフェのBGM程度の音量である．音量だけでなく音楽のジャンルも大事ということで色々トライしてみた．好きな音楽だとつい聴き入ってしまい（つまり，そちらに過度に意識が向き）かえって邪魔である．好みにもよるが，次の3種類がよいようである．

1. **雨や波などのいわゆる環境音**［3］
2. **BGM向けに編集（コンピレート）された音楽**［4］
3. **スムーズジャズ系の音楽**［5］

著者は，3のスムーズジャズ系の音楽を主に無料音楽アプリやYouTubeなどで聴いている．ただし，無料音楽アプリは「プレミアムへのお誘い」などの宣伝が音楽を中断してしまい，ちょっと邪魔である．

スターバックスは，社内で，“ほんの少しだけいつもと違うテイストの音楽”を独自に選曲していて，お客が飽きないように工夫している［6］．そしてその選曲は社外秘だとか．以前はCD販売もしていたが，やめてしまったのは残念である．読者の皆さんも，職場にBGMなどはいかがであろうか．

5-3. 感性とクリエイティブ脳

感性は，脳の刺激の一部である．著者は，感性と感情や感覚を分けて考えている（8-1節参照）．感覚は「バラの花を見て美しい」と感じるような情動で，ほとんど直感に近い．一方，ある男性を愛している女性がその男性から赤いバラの花束をもらった場合，女性にとっては「その男性の愛がこもった素敵な贈り物としてのバラ」である．ここには「美しい」という感覚的な印象を超えて，「愛」という概念が生成されている．これをドライブするのが感性である．

ここで示した解釈の違いは，モードの研究に見られるコノテーション（共示．内包している意味）とデノテーション（外示．直接的な意味）の関係で整理できる［7］．詳しくは7-1節を参照のこと．

感性はクリエイティブ脳をも刺激する．感性は意味変換を促し，異なる解釈を受け入れる．その結果，創造的な発想が誘発され，アイディアとなる．感性を鍛えるということは，クリエイティブ脳も鍛えるということである．「感性価値」については，7-1節を参照のこと．

なお，感性の鍛え方については，次のような体験，経験など，いわゆる感動体験をたくさん得るのがよいようだ．

- **質の高い芸術（演劇・美術・オペラ・歌舞伎など）を鑑賞する．**
- **優れた人工物（特に建築など空間的なもの）に触れる．**

- 大規模公園，水族館，動物園など，普段行かない場所を訪れる.
- 大自然の中でスポーツやレジャーを楽しむ，など.

つまり，日常生活から離れて質の高い余暇を楽しみ，感動体験の中で良い刺激にたくさん触れることで，感覚受容器官の働きも感度がよくなり，感性も刺激され高まるといえる．詳しくは8-1節を参照のこと.

5-4. 脳の休養をとる

身体の休養というのはよく聞くが，本当の意味でリフレッシュが必要なのは脳の休養である．なぜなら，肉体労働ではなく知的労働をしているからである．脳の休養をとり，クリエイティブ脳を回復させることで，創造性や集中力，モチベーションといったものが向上する［8］.

脳を休養させるために良いことは次のようなものである.

- 瞑想
- 大人向けの塗り絵［9］
- 自然の中の散歩，など.

スタンフォード大学の研究によると，木々が立ち並ぶ静かな小道を90分間散歩した人たちは，交通量の多い幹線道路沿いを90分間散歩した人たちよりも，散歩後に感じる「不安の軽減率」が大きいことがわかったそうだ［10］．つまり不安から解放される割合が高いと言える.

同じような実験を千葉大学でも行っている［11］．自然の中を歩いたグループは，ストレスホルモンのコルチゾールが16%減少していたそうだ．コルチゾールとドーパミンは対極関係にあるため，コルチゾールが減るとドーパミンが分泌しやすくなって［12］，クリエイティブ脳が刺激される，というわけである．

クリエイティブ脳は生得的なものではなく習得的なものだ．日頃脳に休養を与えることでリフレッシュし回復するので，皆さんもチャレンジしてみてはいかがだろうか．

ポイント

001. クリエイティブ脳とは，創造的な発想を受け入れ，自分の頭にポジティブな思考を巡らせる土台である．
002. クリエイティブ脳を刺激する適度な音量は，70dBである．
003. 感性はクリエイティブ脳に関係し，感覚よりも高次である．
004. 脳を休養させるには，瞑想・大人向けの塗り絵・自然の中の散歩などが向いている．

5-5. ことわざの読み方

諺（コトワザ）は「賢人の知恵」とか「昔からのありがたい言い伝え」などと言われるが，諺を反語として解釈し，そこから行動規範を見出す試みがある．かのマサチューセッツ工科大学メディアラボ副センター長の石井 裕氏も「杭は打たれる」について「出すぎれば打たれない」という．つまり，打たれないほど大きな杭になれということであり，出ていることを広く知ってもらうことをきっかけにして我が道を見出す，とその意味を説いている．

たとえば「果報は寝て待て」であるが，これは，待っていてはだめで　自分から取りに行けと逆説的に捉えることができる．つまり「果報は寝て待たない」である．果報を得るには，積極的な活動が不可欠と捉え活動したほうが，結果的に良い結果が得られたり，道が開けたりする．

あるいは「触らぬ神に祟りなし」について，悪いことを恐れて躊躇してはだめ，というように否定することで，スケールアウトする行動の動機づけにつなげることもできる．何事も恐れたり躊躇したりすると，現在の域から脱するような行動にならず，スケールがアウトしない（域を飛び越えない）のだ．

また「転ばぬ先の杖」は，失敗をおそれてはいけない．失敗から何かをつかんで，それを糧に次をがんばれ，となる．失敗から何かをつかむのは，失敗学という学問である．失敗を学習することで恒久的な安全策などを生み出すことは大変有意義な考え方である．このように“新しい座右の銘”を見つけるつもりで，諺を見てみるのも面白いのではないか．

このような発想を，弁証法では「アウフヘーベン（aufheben）」という．日本語では「止揚（シヨウ）」である．つまり「古いものが否定されて新しいものが現れる際，古いものが全面的に捨て去られるのでなく，古いものが持っている内容のうち積極的な要素が新しく高い段階として保持される」ということである［13］［14］．

ちなみに著者は，「果報は寝て待たない」というのが好きである．果報は待って得るものではなく，取りにいくものであると思うからである．読者の皆さんはどんなアウフヘーベンを見つけるのであろうか．

5-6. メタファを通じて 潜在意識を理解する

最近，マーケティングの限界というか，消費者の想像を超えるようなイノベーションに関連する新製品やサービスについての調査をする場合，言語ベースの調査では消費者の真意を捉えきれないと言われる．この問題を克服するためにZMETという調査が注目されている．ZMETは，Zaltman Metaphor Elicitation Techniqueの略で，日本語では「ザルトマン・メタファ表出法」という．

1990年代初頭に，ハーバードビジネススクールのゲラルド・ザルツマン（Gerald Zaltman）氏によって考案された手法である．特許出願され，日本では大伸社や博報堂が，ザルツマン氏自身の企業体，OLSON ZALTMAN ASSOCIATES社から，ライセンスを取得し，ビジネス商材化している．

ZMET調査は，写真や絵などを用いて潜在意識を深く理解することを目的としており，言語化されない意識下の深い部分を探るのに向いている．調査される人（実験協力者）は，あるトピックについて心象に沿った写真や絵を集めてくる．ZMET調査では，持参したそれらを，さまざまな思考や感情や行動を表現したメタファであるとする．

インタビューアは，一つひとつ思いや理由を聞きながら，表層から徐々に思考の深層部にある無意識な方向づけを探っていく．インタビューに沿って見極められた写真や絵をコラージュすることで深層意識，深層心理をまとめていくようである．このあたりは特殊なインタビューの実施経験が必要とされることになる．ZMETの調査は次の3ステップで実施される．

1. **被験者は，与えられたトピックについて日頃思っていることや感じていることを表している写真や絵を集めてくる．**

2. **被験者が持参した写真や絵は，さまざまな思考や感情，行動を表現したメタファであると考えられている． 2時間ほどのインタビューを通してこれらの深層部分を探っていく．**
3. **トレーニングを受けたZMETのエキスパートがメタファを読み解きインサイトを洞察する．**

ZMET調査は潜在意識を理解する手法として注目されているが，実証例は少なく，まだ安定的で実効性のあるものとは言えないことは頭に入れておきたい．

5-7. 直感エンジン

「直感」とはすごいものである．恋愛でも一目惚れとか，買い物でも衝動買いというように，一瞬のうちに（直感的に）良し悪しを判断し「自分に合っている」とか「求めていたもの」という感覚を醸成する．

実は，入社面接でも試験官の直感で採用が決まることは多く，性格テストや筆記試験などはその補完的な役割を果たすためだけに存在すると言っても過言ではない．AIの時代になると，ロジカルな判断はすべてAIがしてくれるので，人間としては，ますます直感とか感性などが大事であるとする説もある［15］．

中でも「研究者の直感力」というのは大変なもので，優れた発見発明は直感（ひらめき）に基づいているとも言える．ただ直感は，生半可はことで得られるものではない．米国の実業家であるジェームス・ヤング（James W. Young）氏も「常にそれを考えている状態で適度な刺激を受けたときにケミストリーが起こり，頭の中でアイディアが生成される[16]」と言っている．要は“常に考えていること”

が重要なわけだ．その上で，たとえばアイザック・ニュートン（Isaac Newton）氏であれば，落下するリンゴを見て引力の存在を“直感する”のである．

このように，直感を得るには，常に頭の片すみで考えていることが必要である．チキンラーメンとカップヌードルを発明した安藤百福氏も「ひらめきは執念から生まれる」と言っている．この追及心こそ，直感エンジンであり発想の原動力でもである．

これは専門家にも当てはまる．HCDでも「気づき」という言葉がたびたび出てくる．また感性をひも解く中にもよく出てくる．感性の場合は，非常に情動的なもので「感情体験」とも呼べるものとして直感の言葉が用いられる．

また最近のマーケティングでは，直感と共に「本質的であること」が大事であると言われている［17］．この場合の本質的であるとは，社会的な存在としても肯定されるもので，インサイトの重要性を指している［18］．

一方で，直感に頼ることの弊害も指摘されている［19］．たとえば，直感に頼る組織経営により，モチベーションが低下したり組織に対する不公平感が生まれたりするとされている．もっと市場分析やユーザー研究をしっかりとやり，合理的な経営判断を行うべきある．つまり，マネジメント層はよりロジカルな思考を重視すべきであり，専門家や研究者は直感力を磨くべきであると言える．

5-8. ゴールデンサークルとイノベーター理論

5-1節で簡単に触れたが，シネック氏の「ゴールデンサークル理論」を基に，本節ではイノベーターについて考えてみる（図5-8-1参照）．

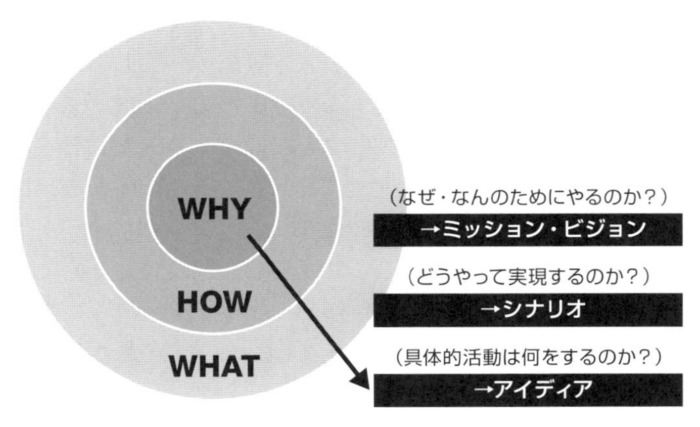

図5-8-1　ゴールデンサークル理論

シネック氏の「ゴールデンサークル」は，通常よくある「何をどうする（What>How>Why）」の発想ではなく（実はWhyについてはあまり語られない），「なぜそうするか（Why>How>What）」で発想すべきであるとするものである．たとえばDell社は，「スペックの良いPC」というWhatに固執しすぎたために失敗したといわれている．これに対してApple社は，「私達は世界を変えられると信じて努力している」というWhyが中心の考えとなっているといわれている．

シネック氏は，このWhyをつかさどるのは大脳辺縁系という脳の中心部で，Whatをつかさどるのは外側の大脳新皮質であるとも述べている．“Why>How>Whatという発想”は，つまり，中心から外側に思考を進めることを意味している．要するに深い考えが求められるわけだ．

Whyから発想するというのはなかなか難しいもので，たとえば，ダイエットするときにWhatとして「5キロ痩せるぞ」と目標を立てるわけだが，Whyをつかさどる脳の中心部が変化を拒み，習慣を維持しようとするため続かないというわけだ（そのためにはハードルを高くしないほうがよい，ということを1-7節で述べている）．

このゴールデンサークル理論は，「イノベーター理論」にも通じるものである（図5-8-2参照）．アメリカの社会学者であるエベレット・ロジャース（Everett M. Rogers）氏が提唱した「イノベーター理論」が商品の購入者を分類したものである．そしてシネック氏は，イノベーター（真っ先に購入する人，2.5%）とアーリーアダプター（イノベーターを意識しながら積極的に購入する人，13.5%）を足した16%はWhyで購入する人であるとしている．これはマーケティングとして重要な視点となる．16%に受け入れられないと，その次に購入候補者となるアーリーマジョリティやレイトマジョリティに受け入れられるまでにかなりの時間を要してしまい，そのうちに競合に市場を取られてしまう．

まとめると，UXの価値を考える際はゴールデンサークル理論を参考にして，Whyを明らかにすべきである．また，留意すべき顧客はイノベーターとアーリーアダプターである．この2つを念頭に，ビジネス展開を考えることが成功に繋がると考える．

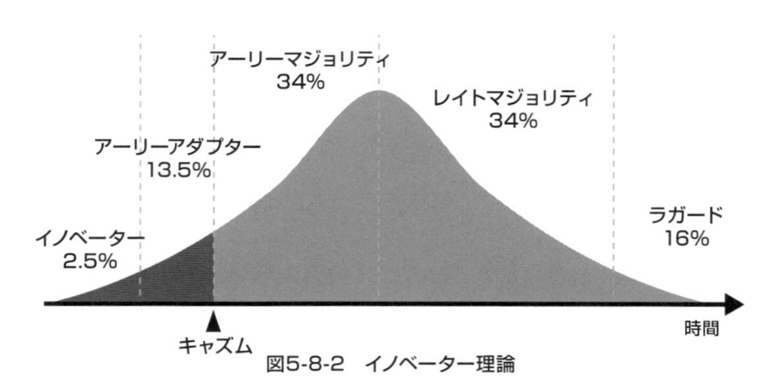

図5-8-2　イノベーター理論

ポイント

005. 古いものが否定されて新しいものが現れる際に，古いものの中の積極的な要素が高次に保持されることをアウフヘーベンという.

006. 潜在意識をメタファとして理解する手法をZMET調査という.

007. 直観力はイノベーションを加速する.

008. “なぜそうするか”から発想する（Why>How>Wht）ことを，「ゴールデンサークル理論」という.

009. 真っ先に購入する人を「イノベーター」とよび，全ユーザーの2.5%が該当する．次に，イノベーターを意識しながら積極的に購入する人を「アーリーアダプター」とよび13.5%が該当する．順次,「アーリーマジョリティ(34%)」「レイトマジョリティ（34%）」と続き，購入しない人は「ラガード」といい，16%が該当する．この理論を「イノベーター理論」という.

参考文献

5-2

［1］ 寂よりも<適度なノイズ>があるほうが仕事は捗るらしい：http://www.lifehacker.jp/2012/11/121130noise.html

［2］ Is Noise Always Bad? Exploring the Effects of Ambient Noise on Creative Cognition：http://www.jstor.org/stable/10.1086/ 665048#fndtn-full_text_tab_contents

［3］ Noisli：http://www.noisli.com

［4］ ～vave：http://vave.me/streams/morning

［5］ Smooth Jazz 247：http://www.jazzradio.com/smoothjazz247

［6］ 集客率の理由はココにあり？スターバックスコーヒーのBGMへのこだわり：http://monstar.ch/omiselab/store/starbucks-bgm/

5-3

［7］ モードの体系：http://overkast.jp/2012/06/mode2/

5-4
［8］「最高に生産的な休暇」を過ごすための秘訣：http://www.lifehacker.jp/2016/05/160501recharge_over_holidays.html
［9］大人向けの塗り絵：http://www.medicaldaily.com/therapeutic-science-adult-coloring-books-how-childhood-pastime-helps-adults-356280
［10］How Walking in Nature Changes the Brain（2015年7月）：http://mobile.nytimes.com/blogs/well/2015/07/22/how-nature-changes-the-brain/?_r=1&referer=http://www.smartnews.com/
［11］http://natgeo.nikkeibp.co.jp/atcl/magazine/16/041900009/041900001/?ST=m_magazine
［12］ドーパミンとは：http://www.human-sb.com/dopamine/

5-5
［13］止揚：https://ja.wikipedia.org/wiki/止揚
［14］「ことわざ」を止揚すると：http://soudan1.biglobe.ne.jp/qa6966415.html

5-7
［15］思考だけではAIに勝てない時代．未来のキーワードは，直感とひらめき：http://www.hatarakigokochi.jp/interview/003.php
［16］『アイディアの作り方』（James W. Young，今井茂雄訳，CCCメディアハウス，1988）：http://urx.mobi/FABO
［17］IoT時代のマーケターは，直感的かつ本質的であれ：http://digiday.jp/brands/coca-cola-toyoura-yosuke-interview/
［18］マーケティングでいう「インサイト」とはいったい何か？：http://urx.mobi/FACt
［19］「直感」だけで意思決定する時代は終わった，パフォーマンスを最適化する営業組織計画：http://www.sbbit.jp/article/bitsp/33004

第6章 未来志向のUXデザインを考える

本章では，最新技術の動向を踏まえて，近未来のUXデザインに関する予兆を探ることにする．UXD2.0やUXD3.0についてもふれ，現在から未来にかけたUXデザインのあり方を探る．

6-1. 未来学とアドバンスト UXデザイン（AUXD）

未来学（英: futurology）と称される分野がある［1］．独ベルリン自由大学教授のオシップ・フレッチェム（Ossip K. Flechtheim）氏による造語で，歴史を踏まえて物事が未来でどう変わっていくかを詳細に調査・推論する学問分野だそうである．未来はこうなるという洞察だけではなく，望ましい未来はどうあるべきかを検討することも含むようである．また未来を全体的体系的に捉えようとする．このあたりも踏まえて，未来学とUXデザインの関係について考えてみる．

なお，4-6節でも述べたが，本書では，近未来のUXをデザインすることを「アドバンストUXデザイン（Advanced UX Design：AUXD）」と呼ぶことにする．本節はAUXDに関するものである．

結論からいうと，我々デザイナーは未来学者であるとも言える．調査・推論というプロセスはコンセプトワークに等しいし，その上で今ではない未来にあるべきモノやコトを具体化して提案するからである．では，“未来を見る正しい目”は持っているのであろうか．未来を見る目には3つのパターンがある．

1. **編集された情報：経産省のシンクタンクや調査会社が行うマクロ調査などが該当する．**
2. **伝聞情報：社外に良い人的ネットワークを築けば自然と入ってくる情報である．各分野のキーパーソンはその道のイノベーターなので，彼ら彼女らから得る情報からは，たくさんのヒントが得られる．**
3. **自分の目や耳で得た情報：一次情報であり，いやおうなしに入ってくるものである．**

勝手に入ってくるフロー情報に対しては，注目すべき対象を選択するには感性と収集するための戦略が大事になる（詳しくは4-6節を参照のこと）.

あししげく見本市に行くのは，何かいいネタをつかむためだが，見本市として主題が決まっているので，偶然の出会いはあまり期待できない．むしろ，休日に，映画を観たり山を歩いたりするほうが，ひらめくことが多い．だから社内でも他の土地（部門）へ訪れ，現地の人（他部門の人）と交流するとき，ひらめきや再認識がたくさんある［2］.

著者は10年ほど「先行提案型デザイン」に取り組んできた．その中で企業のコア・コンピタンスは何かとか，5年後10年後の生活はどう変わるかなどを随分と考え，プロトタイプを製作し提案してきた．そこでコンセプトの前提としたのは，「現在の不具合は何か」と「未来はどうなるか」という2つの洞察であった.

現実を起点とするところは，未来学もUXデザインも同じだが，未来は「こうなる」，あるいは「こうあるべき」（だからそれに備えて行こう）とする未来学の課題認識と，現実をいかに良くするかというUXデザインの課題認識は随分異なる．ところが，イノベーションに目を向けると，UXデザインの「現実を良くする」という課題認識では足りないことが分かる．現実を良くするのは，プレイヤーでありつづけること，つまりクリステンセン氏らの言うところの「持続的なイノベーション」に相当する．これに対して，「破壊的イノベーション」に取り組もうとすると，未来に対しての考えを持たざるをえない（図6-1-1参照）.

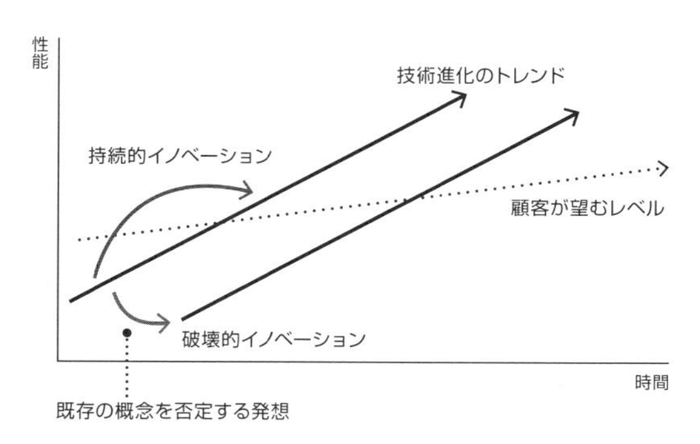

図6-1-1　2つのイノベーション
（Clayton Christensenらによる『イノベーションのジレンマ』より）

未来に対しての考えがないと，提案者の思いつきとなり，「面白い」という域を越えることはできない．「未来はこうなるからこの提案が必然だしそれこそが新たな価値である」と説くのである．このコンセプトを具体的に伝えようとするときには，可動し体験可能なものやビデオ形式のプロトタイプがとても有効である．

takram design engineering社 や Microsoft，富士通などが積極的に取り組んでいるが，このような事例は企業が公開しないために日の目をみることは稀である．だが「未来の経験を描く」という意味ではUXデザインへの期待は大きく，可能性も秘めている．まだ顕在化していないが，これからは，未来学の視点を取り入れて行うAUXDが育ってほしいと切に願う．

AUXDの役割は次のとおりである．

1. **未来予測関連の情報を収集（シンクタンクや書籍より）する．**
2. **将来目指す方向性について，組織のビジョンや戦略と調整し整合を測る．**
3. **現製品やシステムやサービスへの本質的な不満点や，期待への未到達点を把握する．**
4. **近未来の経験価値に関するビジョニングと，シナリオ化を行う．**
5. **近未来を視野に入れたデザインのための観点を整理し提供する．**
6. **新しい経験コンセプトをプロトタイピングし可視化する．**
7. **稼動型のモデルかビデオ素材を作成し評価し提案する，など．**

2は，組織幹部と共有できるよう，簡単なアニメーションやスライドムービーでまとめるとよい．3は，新しい経験への願望や期待に関する近未来の仮説と現在の不満の接点を見出すための基礎データとする．4は，他部門の同様な活動との擦り合わせや協働も考慮する．5は，組織の共有財産として組織内で共有する．6と7は一連の活動として考え，6を洗練化したものが7の評価対象となり，また提案時にも使用する．

なお，AUXDの組織は，エスノグラフィにも精通した企画・調査担当の人材，デザイナー，プログラマー，評価の経験者など，インターディシプリナリー（複数領域の専門家や技術者が協力し合うこと）な組織とするとスムーズに活動できる．そのような人材を組織化できない場合は，デザイナーは核となり，社内外の必要な人材とネットワークを組み，バーチャルなチーム活動を行う．最初はバーチャルであっても，成果を積み上げることで上位マネジメントに認知してもらえば，組織化も可能である．このような組織化について，および成果（コミットメント）について，第2章で詳しく述べているので参考にしてほしい．

6-2. UXD2.0におけるUXデザインの課題（UXD3.0へ向けて）

AIとの関係を考察する中で受けた示唆として「ユーザーの一人ひとりに適合した（ぴったり合った）小気味の良い動機付け（UXナッジ）を繰り出す」ということに言及した（1-12節）．プロシューマー（Prosumer．生産者Producerと消費者Consumerをかけ合わせた造語．生産消費者という）とCtoBの考察では，彼らとその動向を意識したUXデザインのネタについて言及した（4-3節）．AIやロボットとUXデザインの関係についても言及した（4-2節）．また，シンギュラリティ時代の考察では，擬似体験をする手前のUX，および「非合理なUX」にも言及した（4-4節）．

これらを基に本節では，いま求められるUXデザイン（UXD2.0）と，近未来に登場する（あるいは求められる）UXデザイン（UXD3.0）について考察する．

まず，UXD2.0およびUXD3.0を考えるにあたり，背景は次の5つである．

背景1：産業の国際競争力低下

中国や他の新興国企業が躍進し，相対的に日本の国力が落ちている．現在，デザイン思考の普及率のトップは中国である．国内においては製品やサービスのコモディティ化（差別化が困難となった製品やサービスのこと）が進んでいる．

背景2：ITのオープンソース化

オープンソース，SaaSの普及に伴い，企業イントラのITマイグレーション（社内独自システムから外部のSaaSへ移行すること）が加速している（2-7節参照）．また，東日本大震災を機に，共助型スケールアウト型オープンコミュニティが台頭し，ソーシャル・センタード・デザイン（SCD）が活発になっている．

背景3：コト消費の時代

「モノからコト」の移行が完了し，消費社会は，完全にコト消費の時代へ突入している（モノ消費だけでは成り立たない）．モノはコトを構成する1つの要素にとどまっている．

背景4：プロシューマーによるCtoB時代

トフラー氏の提唱から35年が過ぎ，やっとプロシューマー時代が到来し，プロシューマー支援の仕組みが整いつつある（例：ファブラボ，ファブカフェ，クラウドファンディング，支援する企業，3Dプリンタ技術の進化など）．

また，企業がプロシューマーに発注するようになり，プロシューマーが次の時代において経済の担い手になる．プロシューマーを支援する企業も，またサービスも増加する．そこで企業も，自社のコンピタンスを踏まえた上でプロシューマーに何を提供できるかを考えるようになる．これを継続することで，プロシューマーからの支持を得，また，高感度なCtoBサービス企業としての認知を獲得することができる.

背景5：AI技術をはじめとした，高度技術の発展

欧米や中国などで，AI技術，自動化技術，IoT/センサー技術，ブロックチェーン技術が加速する．これに対して日本は後れを取っている．AIの進化・普及により，ユーザーの一人ひとりの指向や嗜好が分かるようになる．感情認識センサーにより，感情も測定できるようになる．また，個人情報データの安全なやりとりも保証される.

UXD2.0の概要

ITのオープンソース化とIoT普及，ブロックチェーン技術，およびプロシューマー CtoBがUXデザインにも影響を与える.

プロシューマー CtoBが与える影響としては，プロシューマー的なデザイナー（UXDプロシューマー）が台頭し，企業から直接UXデザインを請け負う時代となる．また，プロシューマーと企業の連携による新たなサービス展開が発生する.

このような中で，これからは「情報力」「越境力」「デジFab技術力」の3つのコンピタンスが注目される．また，"賢い消費者"である「プロシューマー」がインフルエンサー（社会に大きな影響を与える行動を行う人）となる．先端企業内では，UXDシリアルイノベーターへの期待が高まる（4-3節）.

UXD2.0時代のサービス

ITのオープンソース化やIoT普及が与える影響としては，単一のサービスで完結するのではなく，前後に他のサービスを連結し，シームレスな経験を得ることができるサービス連携の需要が拡大することが挙げられる．また，サービスのコモディティ化も進む.

サービス側としては，ユーザー経験に分岐点を設けてAIとの連携で経験を微調整し，繰り出すUXナッジを考えてユーザーに再提示する仕組みを持つ必要がある．その結果，ユーザーの期待に精度良

く応えることができ，共感度を増すことができる．UXナッジは，慎重に評価を行うポイントでもある．

UXD3.0の予兆

AI・自動化で変わるサービスのあり方が大きく変わる．サービスのオプションとして，AIによる個人対応のカスタマイズが可能になる．さらなる共感度向上のため，利用者の感情を認識するセンサーを組み合わせるようなプロトタイプも出現する．したがって人をマスで捉えるやり方（ペルソナ）に限界が出てくる．

シンギュラリティ時代に求められるもの

この時代にはおそらくUXデザインという分野はかなり変化していることだろう．主要なサービスはコンピューター・システムが開発し運営し管理もするので，人間が手を出す必要はないであろう．一方で，コンピューター・システム自体の維持管理，主要なサービスでカバーできない部分の追加的補完的サービスの提供などについては，引き続き役割を担えるであろう．一方，ルーチンワークからの離職増加により，転職支援などの教育サービスは需要が増すであろう．

これらの考察を踏まえると，UXD3.0におけるUXデザイン（AUXD）の課題は次の3点となるであろう．

1. **サービス連携を前提としたサービス・プラットホームや接続技術の確立**
2. **プロシューマーのニーズの把握**
3. **追加的補完的サービス，および教育サービスの拡充**

ここで述べた事象は仮説であり，実際はもう少し違うかもしれない．しかし大きくは違わないであろう．しかし諸処の事象の実現にはまだ時間がある（シンギュラリティは2045年とされている）．その方向性を踏まえて，3つの課題に取り組むための時間は十分確保されている．

6-3. 生産性とUXデザインの未来

日本企業は長い間，先進国と比べて生産性が低いと言われてきた．経済学者のピーター・ドラッカー（Peter F. Drucker）氏は，「特に知的労働とサービス労働の生産性向上が課題である」と言っている．日本企業もさまざまな生産性改善に取り組んでいるが，そのアプローチは，先進国の取組みとはやや異なるようだ．それはインプット（資源：従業員数）とアウトプット（目標：営業利益額）のあり方で見るとよく分かる［3］．

HBR誌によると，生産性を改善する方法は，次の4つだという［4］．

1. 改善により投入資源を小さくする．
2. 革新により投入資源を小さくする．
3. 改善により成果を大きくする．
4. 革新により成果を大きくする．

UXデザインが貢献できるのは，主にこの内の3と4である．3は，クリステンセン氏らの言う持続的イノベーション，4は破壊的イノベーションにそれぞれ該当する．良いUXを提供できれば，顧客の期待に応えることができ，自社へのシンパが増えてリピート購入や口コミにより，成果が上がる．

フォーチュン誌が発表する業績順位の上位企業は，アウトプットの改善に重点を置いている．それはなぜかというと，インプットをコントロールし易いからである．つまり，元々従業員数をコントロールし易い経営慣行の中にあり，すでに業務の生産性を高いレベルにしてしまっている欧米の先進国企業は，インプットを維持したままアウトプットを高めようとするのである．

一方の日本企業は，どちらかへ比重を置くというよりも，ビジネス変革とかスケールメリットを高めることに注力しているようだ．それがM&Aの増加などに現れている．M&Aが悪いわけではないが，当然インプットの増加を伴う．そして効果が現れるまで時間がかかるため，低い生産性がボディブローのように効いてくる．

社内変革にうまくいかないという状況もみられる．インプットをスリム化し，アウトプットがインプットを上回る企業（リーン型企業という．リーン・スタートアップとは別）にはダイキンやスズキやデンソーなどがある．

また，日本では，特にホワイトカラーの低生産性が問題として指摘されている．欧米のように社員を解雇できない日本は，インプットをコントロールしにくい．最近は生産性も向上しつつあるが，欧米先進国のほうが向上の度合いが大きいので，格差はますます広がっている．

“必要のない仕事をしている”と“仕事に集中できない状況がある”というのは，いわゆる知的労働とサービス労働の生産性が低い状態であると言えよう．米国の企業家，ジェイソン・フリード（Jason Fried）氏はTEDカンファレンス（Technology Entertainment Designが主催する大規模な世界的講演会）の中で，問題の本質は「M&M」であると言っている．管理職のM（Manager）と会議のM（Meeting）である．つまり，必要の無い仕事を作り出しているのはマネージャーだし，仕事に集中できない状況の最たるものは“不必要な会議の設定”である．これを放置しているのもマネージャーなのだ．ドラッカー氏の説によると“必要のない仕事をしている”とか，“仕事に集中できない状況がある”ことが問題なのだ［5］．

会議の問題については，2-5節でも触れたが，情報共有などはメールや掲示板やビジネスチャットなどを使用し，会議形式で行うのは極力避けるべきだ．ミーティングは定例化せず，必要なときに短時間で行う．とにかく知的労働とサービス労働の生産性向上については一度真剣に考えたほうが良い．

ポイント

001. 未来学としてのデザインには，編集された情報（三次情報）と，伝聞情報（二次情報）と，自分で得る情報（一次情報）の3つがある．

002. AUXDの課題は，①サービス連携を前提としたサービス・プラットホームや接続技術の確立，②プロシューマーのニーズの把握，③追加的補完的サービス，および教育サービスの拡充，の3点である．

003. 欧米の先進国企業は，インプットを維持したままアウトプットを高めることに注力している．日本企業は，ビジネス変革とかスケールメリットを高めることに注力している．

004. 知的労働とサービス労働の生産性が低い要因は，「M&M」（ManagerのMとMeetingのM）である．

6-4. BtoBにおいて重要なこと

BtoB製品やシステムを開発しているX社に在籍していたときである．X社では，開発プロジェクトでは合言葉のように「顧客の顧客を考えろ」と言われていた．BtoBであるから，当然，直接の顧客は企業である．しかし，その"顧客である企業"（一次顧客）は，自らの事業を成功させるために，常に顧客（エンドユーザー）を観ている．もしX社が一次顧客だけを観ていたら，製品やシステムの提案が一次顧客の期待に沿わないかもしれない．

常にエンドユーザーを観ている一次顧客は，ユーザーの要求を熟知している（と思っている）．少なくとも従前の要求については，販売した製品やシステムへの反響などを通じて，把握している．ところが現在は，製品やシステムが寡占化やコモディティ化で売れにくい状態である．サービスすらコモディティ化の兆しがある．このような状況を踏まえると，一次顧客も“見えにくい”ニーズ（つまりインサイトであるが）は“読みにくい”かもしれない．

そこで，BtoB企業は，一次顧客が把握していないエンドユーザーのインサイトを知ることに意味がある．現在のニーズであっても，一次顧客よりも精緻に知った上で，自社のコンピタンスを生かした製品やシステムの提案ができれば，ビジネスとして有利なものとなる．したがって，BtoBほどエスノグラフィ調査が生きる領域はないと言える．IBMやNECなどがエスノグラフィを重視するのは至極当然だし，富士通が組織的に取り組むのはもっともである．重視しないとしたらそのほうが問題なのだ．

6-5. スマートハウスとロボット

英国のマイクロソフト(MS)リサーチ・ケンブリッジ研究所がAI(Artificial Intelligence)と機械学習を研究している［6］．2045年以降はAIが生活のさまざまな局面を仕切ることになるようだから(シンギュラリティ)，MSがAIを研究するのも当然である．スマートハウスで人間と対峙するのはロボットである．ロボットは次の5つに集約される［7］．

- **共生型ロボット**
- **ソフトウェア型ロボット**
- **業務用ロボット**
- **ウェアラブル・人体融合型ロボット**
- **ナノボット**

「共生型ロボット」は，ソフトバンク社のPepperやSF映画のロボカップなど，人や動物に近い形状のロボットで，日常生活を共に過ごすことを想定したロボットである.「ソフトウェア型ロボット」はチャットボットなどアプリケーションに組み込まれたロボットである.「業務用ロボット」は専門的な業務に従事させるようなロボットで，形態も業務に合わせて最適化される.「ウェアラブル・人体融合型ロボット」とは，人体の機能を直接サポートするようなロボットで，医療用の義手義足や物流分野でのパワースーツなどが出始めている.「ナノロボット」はナノサイズのロボットで，人体の中などに入り込み人の内側から指令を実行する．医療分野での期待が大きい.

ここで厄介なのは俗に言う「トロッコ問題」である［8]. トロッコ問題とは，トロリー問題とも言い，「ある人を助けるために他の人を犠牲にするのは許されるか?」という考察のことである．人間の知能をAIで拡張しスマートハウスを作ろうとした際に，技術の側面だけに注力するのは危険である. まず住む人のニーズを知り，そのニーズを満たすものをAIやロボットなどの技術で解決するという方法が必要だろう.

よくアイディアが紹介されるが，建築部材や設備をパーツ化した，いわゆるレゴのような家は役に立たない［9]．役に立ちそうなのは，月面基地やキャンピング用のハウスなどテンポラリーな建物だけである. やはり人の住む家というのは住む人の生活や人生そのものであるから，住まう人の価値観や目的，家庭像などを慎重に知る必要がある. エスノグラフィのような手法が有効であろう.

ところがエスノグラフィだけでは，どのようにしたいのかという「人のビジョン」とか心の底までは見渡せない. そこでビジョンを構造的に可視化する方法として，グランデッド・セオリー法が有効になる［10]. インタビュー結果からビジョンを組み立てていくもので，元々は臨床医療の現場で応用された手法だ．最近はモノ・コトづくりの現場でも取り組まれるようになってきた.

ところで建築家というのは自分の案に溺れやすいので，建築は意外とHCDではないと言われる．家主のビジョンを無視して，建築家自身の思いとかビジョンを先行させて建築デザインしてしまいがちなのである．デザイナーがこのようになることを懸念している．

6-6. ワークプレイスがUXに与える影響について

仕事のUXを考えるとき，仕事の場であるワークプレイスが重要な要素となる．業界最大規模のICTアドバイザリ企業である米国のGartner社の資料によると，2020年のオフィスはアンコンベンショナルとインパーフェクトが重要であるとされる．

アンコンベンショナルとは，習慣や型にはまらないことである．用途を固定せず，仕事の内容に応じてフレキシブルに対応できることを担保するようなものだ．

インパーフェクトとは，作り込み過ぎないことである．未完成の状態で追加工したり変更したりできる余地があることが重要であるとする．

アンコンベンショナルでインパーフェクトというと，いままで建築デザイン会社などが受け持っていたワークプレイス設計が否定されたようで小気味いい．これからのワークプレイスは，ITエコシステムの一部と考えたほうがよいのかもしれない．現状を基に設計したアクセスフロアで，後からITシステムのケーブル増設などで大変苦労した経験もある．これにしても今は無線LANやスマートフォンなどのIT機器を活用することで解決できる．UXデザインの自由度も高まり，機器増などの問題からも解放される．これからのワークプレイスは，「オフィスのUX」という観点でデザインすることが重要である．

6-7. ワークプレイス作りの指針は4点で決まり!

そこで，これからのワークプレイスデザインの指針を知っておく必要がある．もちろん，アンコンベンショナルでインパーフェクトな考えを前提とした考察である．その指針とは次の4つである［11］．

- **回遊を促す（回遊性）．**
- **柔軟な働き方を奨励する（柔軟性）．**
- **集中ワークできる場を確保する（集中性）．**
- **予期せぬ出会いを促す（意外性）．**

回遊を促すためには，オープンオフィス・デザインでかつモバイル機器を活用できるようにする．固定のオフィス機器やシステムは初めから検討を除外するぐらいでよいのではないか．

柔軟な働き方を奨励するためには，フレキシブル・ワークタイム，つまり就業時間を柔軟なものにする．理想的には24時間フレックスであるが，セキュリティの問題やセキュリティ・スタッフ配置のコストなども考慮しながら，出勤可能な時間などを設定する．

集中性については，オフィスDEN（穴倉のこと．個室型オフィスを指す）やパーティションで仕切られた個人空間を設けるようにする．パーティションで仕切る場合には，ヘッドフォンを活用するとよい．

そして予期せぬ出会いについては，“出会いを促す”だけではなくて，“知の交流を促す”と考えたほうがよい．この中で，ICTでカバーできるのは，回遊性と意外性である．モバイルデバイスは，私用のものと会社支給のものが混在する中で，いかにセキュアに運用できるかがポイントである．マルチOSで，場所を選ばず，オンプレミスともつながれるというのはなかなか難しい．知の交流については，博報堂が作ったオープンイノベーションの場「デジタル・ミニ工房」が参考になる［12］．なお「4点に決まり」という意味は，どれが欠けても，顧客から見れば「いまいちなオフィス」となる懸念がある，ということでもある．

ところで，ワークプレイスは入れ物にすぎないのだから，やはりワークプラクティス（Work Practice，仕事の実践）を変えないと仕事の効率は改善できないし，デザインする意味は無い．中途半端に入れ物だけを変えると，ワークプラクティスと合わなくなり，かえって効率が落ちる．ワークプラクティスは，“職場のUX”でもある．「洗練されたワークプレイスで仕事の効率が上がる」などと言われると“嘘でしょ”と思ってしまう．

オープンオフィスがかえって効率を下げているという記事があった．そもそもオープンオフィスの狙いは，偶然の出会いからひらめきを得たりコミュニケーションを活性化したりするものであった．でもそのように「クリエイティブ脳」（第5章参照）を刺激するためには，かなりの工夫が必要である．

Googleのようにテーマパークふうにしたり，イギリスのUbiquitous社のように居間のような雰囲気にして家具を揃えたり，また空間的な溜まり場などを意図的に作ったり，アイディアを忘れない内に記録できるよう，いたるところをホワイドボード化したり，などである．アイディアを記録するためにわざわざホワイドボードのところまで移動するのでは効率が悪すぎる．そのような工夫をしないでただオープン化しても，あまり意味がない．

米国では，従来のようなハイパーティションで囲われたものや個室中心のオフィスに回帰するところもある．日本企業はどうしてもスペース効率とかコストが先にたってしまう．こうした中でオープンオフィス化しても，気が散ったり窮屈な思いをしたりして，効率に悪影響を与えるのは当然である．

Dropbox社はニューヨークに，まさにニューヨークを象徴するようなオフィスを作った［13］．このように企業が目指すものを反映したデザインが求められるのだと考える．

6-8. ワークプラクティス研究

オフィスをワークスペースとしてデザインするのは，建築デザインとかインテリアデザイン（最近ではまとめてワークプレイスデザインというらしいが）のことである．これとは別に，オフィスで行う仕事の実践方法や職場の習慣・不文律などが与える影響を調査研究することを「ワークプラクティス研究」という．ワークプラクティス研究は機器の改善も視野に入れていたので，今の言葉に置き換えれば，「オフィスのUXデザイン」であると言える．

欧米では，エスノグラフィ調査は1990年頃にはすでに実施されている．元々は文化人類学のツールの1つである「民族誌」を調査手法として位置づけたものがエスノグラフィだが，これをビジネスに応用したのはXeroxのPARC（Palo Alto Research Center）が最初であり，コピー機がどう使われているかを知ることが課題であった．当時のPARCでエスノグラフィに取り組んでいたのが，ワークプラクティス部門であった．機器が中心であったが，その機器の使われ方を知り，機器やシステムの改善につなげるという目的で，ワークプラクティス研究はスタートしたわけである．

著者も，過去に何度か，エスノグラフィの一種である「フライ・オン・ザ・ウォール」という観察調査を実施したことは既にお話しした（1-13節参照）．その観察では，「様子を見にくる」というユーザー行動が意外であった．プリントした用紙を取りにくるとか，スキャンをしにくるとかいうものではなく，ただ様子を見にくるだけの行動である．

よくよく考えてみれば，フィードバック情報が乏しい場合は誰でも不安を感じる．この情報を基に表示系インタフェースの改善など行ったわけだが，このように，ユーザーの実行動の中にはアンケートなどでは引き出せないインサイト（潜在的本質的なニーズ）が隠れているのである．これを引き出すのがエスノグラフィであり，ワークプラクティス研究の目的でもある．

このワークプラクティス研究は，実際の顧客も取り込んで共にデザインを考えることもしていた（パーティシパトリー・デザインという）．ワークプラクティス研究には，次のようなタスクが含まれる．

- **参与観察：現場で観察する**
- **タスク分析**
- **ワークフロー分析**
- **文化モデルの分析**
- **インタビュー**
- **協調作業（ユーザーと共に体験する），など．**

Xerox社のワークプラクティス研究は，機器やシステムの現状をベースにした改善のための方策であったが，調査で得た示唆に基づき，研究機関であるPARCはネットワークやシステムなどの技術開発を担当し，現場部門（デザイン組織など）は機器やシステムの具体的な改善を検討するなど，部門間連携も行っている．また，機器やシステムに具体的な改善を盛り込めない場合は，カスタマー・エデュケーション部門（顧客への教育・サポートを行う）へ流すなど，漏れのないサービスを行っていた．このあたりは，現代のUXデザインでも学ぶべきものが多いのではないだろうか．

ポイント

005.	BtoBで大切なのは，顧客（一次顧客）の顧客（エンドユーザー）を知り提案に生かすことである．
006.	スマートハウスを技術先行で作るのは間違いで，やはり，住まう人の想いやビジョンを踏まえることが大事である．
007.	デザイナーは自身の思いやビジョンを先行させてデザインしてはならない．
008.	オフィスのUXはワークプラクティスを考えることである．

参考文献

6-1

［1］ https://ja.m.wikipedia.org/wiki/未来学

［2］ 競争優位を築く“アンダー・ザ・テーブル”：https://www.unisys.co.jp/PDF/UNISYSNEWS/news0003.pdf

6-3

［3］ 知識労働とサービス労働の生産性：http://www.dhbr.net/articles/-/4873

［4］ 生産性を向上させるには4つの方法がある：http://www.dhbr.net/articles/-/4870（仮：HBR誌を確認する）

［5］ あなたはなぜ職場だと仕事に集中できないのか？（Jason Fried）：http://logmi.jp/69470

6-5

［6］ Microsoft Research in Cambridge：https://www.microsoft.com/en-us/research/lab/microsoft-research-cambridge/

［7］ 人間は5種類のロボットと共存する：http://www.kyamaneko.com/entry/singularity-ai-life-with-robots

［8］ トロッコ問題：http://www.kyamaneko.com/entry/singularity-ai-life-with-robots#トロッコ問題

［9］ レゴのようにブロックを積んで建てる：http://tabi-labo.com/244669/popup-house/

［10］ グラウンデッド・セオリー・アプローチ概論：http://gakkai.sfc.keio.ac.jp/journal_pdf/SFCJ14-1-02.pdf，質的研究におけるグラウンデッド・セオリー・アプローチ：http://web.cc.yamaguchi-u.ac.jp/~ysekigch/qual/grounded.html

6-7

［11］ Facebookが実践するオフィス作りの工夫：http://www.lifehacker.jp/2016/03/160321facebook_office.html

［12］「プロトタイプはUXの疑似体験」…社内オープンイノベーションは「砂場」で生まれる：http://response.jp/article/2015/05/01/250266.html

［13］ Dropboxのオフィス：https://officesnapshots.com/2015/12/16/dropbox-new-york-city-offices/

第7章 社会現象，社会行動に敏感になる

社会とかかわるUXデザインには，社会的な視点が不可欠だ．本章では，感性や文化など，個人の側面も含めて，人と社会とUXの関係について知識や知恵を解説する．

7-1. 感性価値

感性について考えてみる．次に掲げるのは，過去の感性SIG (Special Interest Group，個別の研究テーマごとに行う小集団活動のこと) で著者が「感性的な解釈」として提示したエッセイである．

ここに，花子さんと真一くんと太郎くんがいる．
真一くんは花子さんを愛していて，何とか恋人にしたいと思っている．花子さんも真一くんに好感を持っている．ある日，真一くんは一念発起し，花子さんに愛を告白することにした．生花店で「綺麗な赤いバラ」を購入しラップしてもらった．
真一くんと太郎くんは友達同士である．太郎くんは，真一くんが買った「赤い花」を見て，高かったのではないかと思った．
花子さんは，真一くんから贈られた赤いバラを見て「自分への真一くんの愛」を知り，幸福に思った．

ここに見られる，太郎くんと花子さんの受け止め方が，感性的であるか，そうでないかの差であると考える．

- **太郎くんの見ているものは，単なる「赤い花」である．**
- **真一くんの見ているものは，「美しく赤い×パラフィン紙とリボンでラップされたバラ科の花」である．真一くんは，バラの花を見て美しさを感じるという，「感覚的な解釈」をしている．美しさを感じることはほとんど直感に近いが，このバラに自分の愛を込めて，花子さんに伝えたいという感情が生成されている．**

- 花子さんの見ているのは，「真一くんの愛がこもったステキな贈り物としてのバラ」である．花子さんにとってはこのバラは単なる美しい赤いバラではなく，好感を持っている真一くんの想い，愛という意味を伴ったかけがえのないものである．

上記のような関係があるがゆえに花子さんは感動し，幸福を感じるのである．このようなものが感性的な解釈だと考える．整理すると次のようになる．

- 花子さんにとってのバラ＝真一くんの愛（感性的な解釈）．
- 真一くんにとってのバラ＝(花子さんへ送る)美しいバラ（感覚的な解釈）．
- 太郎くんにとってのバラ＝(単なる)赤いバラ（知覚的な解釈）．

ここで示した解釈の違いは，モードの研究に見られるコノテーション（共示．内包している意味）とデノテーション（外示．直接的な意味）の関係で説明できる［1］．同じ「バラ」であっても，受け止め方でその意味が異なるわけだが，花子さんはより高次の意味解釈をしており，「真一くんの愛」という特別な意味を内包したものとなっている．より感性的な解釈であると言える．これに対して太郎くんの解釈には，直接識別した意味のみである．真一くんの解釈は，太郎くんにはない特別の意味解釈をしているが，「美しい」という直感的（感覚的）なものにとどまっている（図7-1-1を参照のこと）．

感性の二重構造

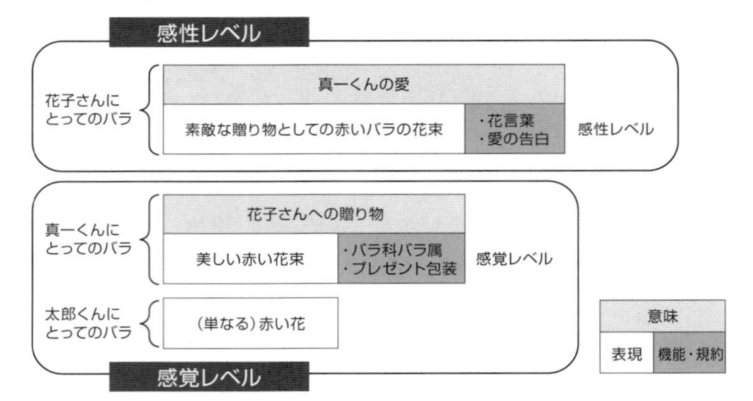

感性体験

高次な感性(感性レベル)　ハイコンテクスト文化に宿る

失われた田畑を見て 被害の甚大さを知ると共に,“失われ行く日本の原風景”を思い描き,その悲しみと望郷の想いを共有する.

低次な感性(感覚レベル)　ローコンテクスト文化に宿る

失われた田畑を見て被害の甚大さを理解するとともに　被害の規模と被災者の悲しみを共有する.

図7-1-1　感性の二重構造　感性体験

1つの仮説としては,「感性的な解釈」と「感覚的な解釈」があるということは,「感性」と「感覚」は異なる,ということである.しかしこの「感性-感覚」問題にはさまざまな議論があり,いずれ感性工学会内で明らかになろう.今後の議論に期待したい.

7-2. イールームの法則 (Eroom's Law)

「イールームの法則」というのがある[2]. 鈍化の経験則とも言われているようだ. 製薬業界では, 新薬の研究開発への投資がどんどん増えており, その巨額の投資の割にリターン（得られる新薬の数）が少なくなっているそうだ. イールームとは, ムーアの法則のMooreを逆にした言葉で, 進歩が鈍化することだ. 製造業には, そのような法則を無視して, 手間をかけずにリターンを得ようとする傾向もある.

「箱物」で成功したビジネスでは, その成功体験からなかなか離れられず, 大きな路線変更ができない. 路線変更には, ビジョンを変えると共に, 人員構成や採用する技術も変える必要がある. ガソリンエンジンの自動車から電気自動車への変換に代表されるような“シフト”だ.

このように, 大きな投資なくしては, 確かなリターンが得られない. 投資を避けて成功体験にしがみついていると, その結果, “混迷するモノづくり”といった状態になる. つまり, 何を造ればよいのだろうかというジレンマを抱えつつ, モノづくりの難しさに極まったような状態だ. そしてときとして, 技術は凄いが, 何に使うのかがよく分からないような製品が生み出されてしまう.

2016年のCOMPUTEXに出品されていたBluetoothスピーカーは, その最たるものだ[3]. 無骨なキャリングケースのようなデザインや水の中に浮かせるものなど, 技術的には凄いのだろうが, デザインの狙いがよく分からない. 後者のほうは, お風呂場で音楽を聴くシーンでは防水性能は必要だとは思うが, デザインがそれを表現していない. また, 2015年の2015 International CESでは, まか不思議なスピーカーが出品されていた[4]. スピーカー本体が空中にフワフワ浮くわけだが，これも技術の凄さだけで目的がよく分からない．

イールームの法則に落ち入った箱物の製品やシステムは，早くディストラクション（破壊）し，路線変更したほうがいい．その際にはデザイン思考が役に立つ．そして，UXデザインは，これを牽引できるのだ．

7-3. ポケモンGOとUX

米ナイアンティック社が開発した「ポケモンGO」．またたく間に反響を呼び，世界で新たな社会現象となった．ARを利用した新たな体験としてゲームの域を越える感がある．しかし，ゆくゆくはビジネスのプラットフォームにもなるとの期待とは裏腹に，2018年現在ですでに下火の感もある．ブームは終焉してしまったのであろうか[5]．

どうもハイプサイクルがものすごい速さで進んでいるようだ［6］．このように色々騒がしい状況だが，利用の有無を問わず，ポケモンGOを通じて，さまざまなエクスペリエンスを生み出しているのは間違いないところである．以下に，その一端を見てみる．

- **2017年の7月25日の時点で，車などの運転中に「ポケモンGO」をしていたとして検挙された件数は全国で71件に上ったとの報告がある[7]．他に，ポケモンGOの「ながら運転」で事故36件とか，実は無免許運転を隠すための偽装だったとの報道もある［8］．**
- **歩きスマホになりがちとのことで，崖から落ちたり交通事故に遭ったりと問題視されているが，視覚障害者との接触がより深刻に懸念されている［9］．**

- 歩きスマホについて注意を促す広告が現れる．だが肝心なときに注意広告を見ているかどうかは不明［10］．
- 政府はガイドラインまで出している［11］．
- 経験の相乗効果の視点による問題点（たとえば「ビールを飲みながら枝豆を食べる」という経験の相乗効果で，より幸福感が増し，期待充足度の高い経験が得られる）であるが，“歩きながらゲームをする”というのはこれに当てはまらず，“最悪の組合せ”であるという．なぜかというと，理屈では危ないということが分かり，しかし“自分だけは大丈夫”と思うからである．筑波大学でモビリティ・マネジメント（MM）を研究しているリスク工学専攻准教授の谷口綾子氏は，「社会的な意味でのリスク概念と個人が抱くリスク概念には差がある」という．たとえば「車の事故と地震．どちらが怖いか」と聞いたとする．多くの人は「地震」と答えるという．ところが，現実の死亡・行方不明者数は，自動車事故による人数が戦後約60万人，地震による人数は約6万人である．圧倒的に自動車事故のほうが多い．これを「リスク認知のギャップ」という［12］．
- ポケモンGOの怪獣ゲットでSNSにアップした画像で自宅などが推測できてしまう．これは社会学的には「監視資本主義」であるとする説がある［13］．回避するためには公式サイトへアクセスして「ポケストップやジムの削除」をリクエストする必要があり，大変な手間である．
- 子供にとって道端で虫を捕まえるような実体験がますます希薄になり，有害極まりないとするネガティブな意見［14］や，面白ければ何でもよいというポジティブな意見［15］が混在している．共通点は，どちらも短絡的であるという点．
- スマホの携帯充電器が売れているとのことで，ビジネス波及効果は大きい［16］．また，関連商品もたくさん出てきている［17］．
- 当初はサーバーもよく落ちた［18］．

- 「私たちが思い描いた未来は，ポケモンGOだった？」と，ロジャー・ラビットなどと重ね合わせて懐古的な想いに浸る人［19］.
- ポケモンの最終ゴールは，ポケモン図鑑のコンプリートだそうだが，その先に見える“フルタイムのポケモントレーナー”というキャリアパスの選択肢［20］.

これらの現象から思うのは，いよいよ「コベイランス(Coveillance，相互監視のこと）の世の中到来」だなという連想だ．顔認識のように個人情報そのものを認識し，漏えいを防止するような技術の普及が待たれるところである.

「ポケモノミクス」という言葉がある［21］. ポケモンGOをマーケティングに利用するというこのアイディアは，一見集客効果の面でも有効そうにみえる．成功事例としては，米沢市内の温泉地がある［22］．一過性で終わるものもあるだろうが，定着するものもあるだろう．ともあれ，単に連携するとかビッグデータを使うなど，手段だけで考えるのではなく，コンテンツも含めて仕組みをいかに作り込むか，という視点が重要である.

7-4. コンテンツと仕組み

現在はコンテンツの時代と言われる．マーケティングの世界でも，コンテンツ・マーケティングが注目されている（3-10節参照）．コンテンツを考えるには，コンテンツそのものの内容だけではなく，そのコンテンツを用いて製品やシステムやサービスを訴求する計画，その中で鍵となるメディアとそのミックス方法，顧客の反応を見てコンテンツを変更したり追加修正したりする管理なども重要となる.

そもそもコンテンツとは，製品やシステムやサービスの提供側が顧客へ伝える情報のすべてであり，「価格」と対をなす交換価値の一方でもある．またコンテンツは，「表現」に対する「意味」であると捉えることもできる（7-1節参照）．

カナダ出身の英文学者であるマーシャル・マクルーハン（Herbert Marshall McLuhan）氏は「メディアそのものもメッセージである（Tbe medium is the message）」と主張している．一見，メッセージがコンテンツと無関係との見解にみえるがそうではない（メッセージはコンテンツである）．注目すべきは，コンテンツばかりに集中しがちだが，メディアの影響度も高いのでこちらにも注目すべきであるとの問題提起である．

メディアがメッセージ性を持つケースというのは，メディアミックスや新たなメディアを使用した場合などに限られるであろう．実際にはメディアとは，コンテンツの伝達を媒介するものにすぎない．

英語のContentには「満足な」という形容詞の意味がある．very contentと言えば「とても満足な」という意味だ．つまり，価値の提供側から顧客へ提示したコンテンツは満足を与えるものでなければならないわけである．

媒介との関係で補足すれば，HTMLの中にあるコンテナ（container）は，データを収納する構造の意味である．つまりコンテンツを入れる器のようなものだと考えれば分かりやすいであろう．この場合は，コンテナは広告宣伝で言えば新聞のような媒体になるわけだ．

UXのコンテンツ自体は，エクスペリエンス・マップを用いて把握し共有する（図7-4-1参照）．このマップで経験全体の流れやタッチポイントの種類や役割などを知ることができる．利害関係者や情報の流れなどの情報については，ステークホルダーズ・マップを用いる．サービスデザインについては，ブループリントを用いるのがよいであろう．ただし，サービスそのもののコンテンツについては，サービス概要書とかサービス・アーキテクチャなどを用いる必要があろう．

洞察する
チャネルやタッチポイントを横断して顧客の行動とインタラクションを知る

道筋を描く
鍵となる洞察をジャーニーモデルに落とし込む

物語をつくる
共感や理解を高めるような説得力のある物語（エクスペリエンス）をつくり可視化する

エクスペリエンス・マップを使う
マップに基づき，新しいアイディアとより良いカスタマー・エクスペリエンスを実現する

図7-4-1　エクスペリエンス・マップの作り方
（Adaptive Pat『ADAPTIVE PATH'S GUIDE TO EXPERIENCE MAPPING』より，http://adaptivepath.org/ideas/our-guide-to-experience-mapping/）

もう1つの方法としては，サービスデザインで用いられる「ビジョン提案型デザイン手法」を用いる手もある．この方法は，ユーザーの基本的な欲求から提供価値，実際のアクティビティ，およびタッチポイントにおけるインタラクションまでの情報を網羅することができ，経験全体とまではいかないにしても一部のコンテンツを把握し確認することができる．

古典的な手法ではあるが，あまりスパンが長くない経験であれば，そのコンテンツは次の6W1Hで示すことができる．

When（いつ）　：経験の季節的時間的な要素
Where（どこで）：経験の空間的な要素
Who（誰が）　：経験する当事者
Whom（誰と）　：経験に介在する関係者
What（何を）　：経験の内容
How（どうした）：経験すること
Why（なぜ）　：経験への期待や潜在的な欲求について

新しくはないが，かなり普及したテンプレートなので，多くの関係者とコンテンツを共有する場合には重宝する．

7-5. サービスデザインの本質

「サービスデザイン」という言葉が生まれたのは1990年代初頭である．元々はサービス工学とか経営やマーケティングの世界の取組みとして存在していた．著者がかつて深く関わったオフィス機器でも，当初はコピー機とかプリンターという単機能製品であった時代から「複合機」の時代になったときに，「コピーサービス」「スキャンサービス」などと，機能のかたまりを「サービス」と捉えたシステム設計が行われていた．

理論社会学には，「サービスの本質は機能であるが，すべての機能ではなくユーザーの期待に応えるものでなければならない（吉田民人氏）」という定義がある［23］．また，サービスイノベーションでは，「人や人工物が発揮する機能で ユーザーの事前期待に適合するものをサービスという」（諏訪良武氏）と定義している［24］．つまり本質的には，最初に「ユーザーの期待」というものがあり，それに応える機能がサービスである．

1990年の後半になって「サービス・ブループリント」［25］が出現し，サービスプロセスの重要性がうたわれるようになった．そして，よく知られた「カスタマー・ジャーニーマップ」が生み出され，サービスデザインの概念が定着した．2000年代に入り，IDEOやZibaなどの米国のデザイン会社で「サービスデザイナー」という肩書きが使われ始めている．また2004年には，「Service Design Network（SDN）」という国際組織が活動を開始した．日本にも支部があり，定期的に国際会議も開催されている［26］．

サービスデザインの概念があまりにも広いために，どこか漠然とした印象を持つ人も多い．大筋で理解したとしても，なかなか実践には結びつかないものである．そこでサービスを3つのレイヤーで考えてみる．

第1のレイヤー：経営レベル（ビジョンやビジネスゴール）
第2のレイヤー：戦略レベル（ビジネスプランニングとしてサービスを定義すること）
第3のレイヤー：事業遂行レベル（サービスコンテンツとシステムのデザイン）

経営レベルにおけるサービスとは事業目標の設定そのものであると言える．したがって，利益とかシェア拡大やブランド価値の向上などの面で具体的な目標設定が必要となる．

戦略レベルにおけるサービスとは，提供価値を具体的にサービスに落とし込むための個々の事業をデザイン＝ビジネスプランニングすることだ．ただここでは，最終目標は第1のレイヤーで設定した，たとえば売上目標などであるため，その目標の達成を，保有する資産の範囲内で担保するように，サービスをブレイクダウンする必要がある．つまり効率性を考えると，どうやって提供するかの前に，まず実施するサービス自体を定義する必要があるのだ．

事業遂行レベルにおけるサービスとは，まさにシステムデザインと同義である．その対象は主にサービスのタッチポイントだが，これは人であったりシステムであったりウェブサイトであったりする．

今日，サービスデザインは，ウェブサイトやスマートフォンアプリなどを中心に，商品やシステム，あるいは人的な部分も含めた新たな価値の提供であると捉えられている．新たな価値提供を行う組織やビジネスモデルの構築なども含めて考える必要があり，その意味からも経営における「デザイン思考」［27］の重要性が指摘されるのだ．つまりサービスデザインとデザイン思考は，経営やビジネスという視点では一体のものであると言える．

ここで大事なのは，ユーザーにあるのはあくまでも“曖昧な期待”であって“欲求”ではないということだ．何でもある時代である．欲求はすでに満たされており，新たな欲求について具体的なものはまだ芽生えていない状態である．それが何であるかを明確にすることが，サービスデザインにおける最初の仕事である．ユーザーの漠然とした期待を察知して，それを洞察して価値に置き換え，経験できる形に変換して提示することがサービスデザインであると言える．提示して初めてユーザーは「これを待っていたんだ」と思い共感するわけだ．

サービスデザインに必要な視点は多義にわたる．それはサービスを求める本質が利用者自身の経験に関する意欲にあるからだ．利用者はさまざまな情報の中におり，その一つひとつにおいて，関心や興味を持つ．その対象は衣食住にとどまらず，絵画・芸術や音楽などの文化的な側面，スポーツや震災ボランティアやSNS（Social Network Service）などの社会的な側面，人対人や家族・友人・趣味を同じくする人々など人的交流の側面などが多様に絡み合っている．

したがって，これらを俯瞰できる能力が必要だ．サービス・ブループリントは，まさにこの俯瞰するためのツールとして存在している．またときには自ら越境して，つまり異分野に飛び込んで行って，体験や交流を行うことも大事である．前述したとおり，著者はこれを行う力を「越境力」と呼んでいる．サービスデザインにおいて越境力を発揮することで，自分が知らないことにも興味が湧き，気づきを得ることができる．

デザイナーがサービスデザインのスキルを身につけると，ウォーターフォール型開発を行う古典的な企業では歓迎されず，プロジェクトが混乱すると心配する人もいるが，それは取り越し苦労だ．イノベーションに取り組む多くの企業では歓迎されることであり，研究部門や技術開発部門の人々と連携することによりブレイクスルーが期待できる．この連携を成立させるためにも越境力が必要である．逆に古典的な事業に執着する企業では，レガシー（遺産）とか継承などを重んじるため，サービスへの取組みは希薄になる．サービスシフトが遅れるわけだ．

UXデザインに関わる人はどんどん越境力を発揮して社内外の先端で活動している人々と共創し，魅力的なサービスを生み出し続けてほしいものである．

7-6. ウーバライゼーション

「ウーバライゼーション（Uber症候群）」とは，アウトサイダー企業による秩序の破壊のことである．ここでいうアウトサイダーとは，従来からある業界中のヒエラルキー（ピラミッド型の階層組織）ではなく，業界の外から破壊的なイノベーションを仕掛けてくる企業のことを指す．タクシー業界でのUberや，メディア産業に対するFacebook，商取引におけるAlibaba，ホテル・旅館業界におけるAirbnb（エアービーアンドビー）などである．

タクシー業界でUberが仕掛けて成功したことに端を発していることから，この呼称が生まれている．カメラ産業におけるiPhoneなども業界側からみればアウトサイダーである．要は，業界にとらわれずに，利用したいときに利用できるようにするところにミソがある．

もう1つ注目すべき事例は，Airbnbである．Airbnbはいわゆる民泊を支援するサービスであるが，意図するものは単なる宿泊施設の提供というものを大きく超えている．米ロードアイランド・スクール・オブ・デザインの卒業生2人が，サンフランシスコのアパートメントの空き部屋を貸すという自身の体験を経て生まれたものである．理念として信頼感を重視し，現地の人との交流やコミュニティ体験などで忘れられない旅行経験を提供することを価値としている．まさにホテル業界にとっては破壊的なイノベーションである．

利用者が必要なときに利用してもらうビジネスモデルは，「シェアリング・エコノミー」と呼ばれ，国内でも増えつつある．保有維持コストが高く利用率が低いものを，シェアリングで経済的に活用するシェアリング・エコノミー化が進展する模様である．デジタル一眼レフカメラなどもその類であるかもしれない．企業経営でさえファブレス企業といって，工場を持たないやり方が台頭して久しい．あまり使わないものは持たない，というスタイルが定着するのは時代のすう勢であるとも言えるであろう．

UberやAirbnbのように，自身のユーザー経験というものを軸として既存のビジネス環境を一新するような事業の展開が，今後ますます出てくるであろう．「あまり使わないモノは持たない」というミニマリズムのような発想と，自身の経験に根ざしたUXという新機軸を併せ持つところがミソである．これを例外的な現象と捉えないで，日々の提案に置き換えられるようなUXデザインの取組みが求められる．

7-7. カワイイとポッセとサブカルチャーについて

カワイイとは，“仲の良い仲間（ポッセ）”の間でカワイイ感覚を共有するための「ポッセワード」である．「ポッセ（posse）」とは，ラテン語から派生したスラングで，志を1つにした仲間，というような意味だ．クラブや同好会のように入る入らないという境界はなく，常に変化し，暗黙の内に了解するハイコンテクストな関係である．カワイイという言葉は互いの価値観を確認するポッセの合言葉のように機能している．

昔は，カワイイにも共通概念があったような気がする．「抱っこちゃん」はカワイイということで認知され，ポピュラーになり，カワイイの代名詞のようになった．カワイイで売れた日産のBe-1などがある．共にカワイイを追求しその答えがヒット商品という結果につながっている．

今ではさまざまなパターンのカワイイがあり，1つの解釈は成り立たない．ここ数年は，キモカワとかブサカワという新しい流れもある．コスプレなどもカワイイから派生したモードであると思う．つまり，多様な形でサブカルチャー化している．個性と同じ十人十色に向かっているのかもしれない.

たとえば，自動走行クリーナーであるルンバの動作に対して，カワイイという人とそうでない人がいるのだ. 同様にiPhone，ゆるキャラ，ミッキーマウスなど，その手の感じ方の個人差は多数ある.

まさしく多様なのだ. その多様さをあえて調整し，ポッセ内で“カワイイ感覚”を共有するために，「カワイイ カワイイ」と連発するのであろう.「ね？カワイイでしょ？」「うん カワイイね」という具合だ. “とりあえず周りと想いを共有したい”という若い女性特有の思いが根底にある.

カワイイに普遍的な意味はないので，彼女らに何がカワイイか聞いても多分「カワイイからカワイイ」ということになるのではないだろうか. またはケースバイケースで形がカワイイとか動作がカワイイと言うであろう. でもそれはカワイイという抽象概念で便宜的にくくっただけであり定義しているものではない. 本当にカワイイと感じているのかも実は怪しい.

そもそも，カワイイ感覚は他人とは違うはずなのに，感覚的なつながりを潜在的に求めるあまり，「ね？カワイイよね？」というポッセの確認ワードとなっている. そして“〇〇〇をカワイイと思う感覚を共有するポッセ”が成立する. つまり非常にハイコンテクストな状況があると考えられる. いわば「サブカルチャー的なつながり」である. ある人が「これ カワイイよね？」と便宜的に同定すると，他の人が「うん カワイイね」と肯定して，1つの"カワイイと認定したモノ"がポッセ内で認知される.

カワイイとはどういうことか. ある人は“何とかしたいと思う感覚”であるという. またある人は“愛おしい感じ”と定義する. 本来はそういう想いや感覚を語れるはずだが，言葉が見つからず，感覚的に当てはまり便利な言葉である「カワイイ」を手っ取り早く使ってしまう. 的確に表す言葉を探して用いることで，感覚の相違が露見するのを嫌う心理である.

“会話のリズム”ということもあろう. とにかく次々と話題を進め，突っ込む余地を与えず，リズミカルで楽しい会話を楽しみたいという欲求である．これは昨今の略語や仲間言葉の氾濫とも符合する．その中でカワイイが便利に使われている．カワイイはそのような絶対的なポジティブワードであると同時に，これもまた現代の若者にある価値観を象徴する言葉でもある．

そう考えてみると，カワイイを導く要素を科学的に同定しても，製品化への応用は難しいであろう．つまり“カワイイ形はこんな形”というようにアカデミックに固定化して考えても応用が利かない．カワイイは，前述のような，ハイコンテクストな状況の下で，時代を反映する感覚語として解釈すべきであり，社会の変化に応じてその解釈も多様に変わりうるということを認めるべきである．

社会の変化に連動して多様に存在しうるということは，逆に言えば，コンテクストの関係性の中でしか存在しえないということである．つまり前述のカワイイを連発する彼女は，ある意味においては今の社会を象徴しているわけだが，実は感性表現的には稚拙であるということになる．感じるがまま言うのは感覚語としてのカワイイである．たとえば「とても放っておけないくらいの愛おしさを感じる」というような感性豊かな表現とはほど遠い．ただし，こんな言い方は，感覚的な関係性が重視される現代の会話にはそぐわないとも言える．

7-8. 弱いつながりは強い ～コネクションよりもブリッジ～

米国の社会学者でスタンフォード大学のマーク・グラノヴェッター（Mark Granovetter）氏は，論文「The Strength of Work Ties(SWT)」の中で，「人は弱いつながりの人脈を豊かに持っていれば，“遠くにある幅の広い情報を効率的に手に入れる”という面で有利になる」と述べている(1973).

強いコネクションは，閉鎖的な関係を産みやすく，オープンで弱い関係（友達の友達など）は情報が伝わりやすい．たとえば，AさんとBさんが知り合い同士で，AさんとCさんも知り合い同士だが，BさんとCさんは面識がないという場合のBさんとCさんを指し，これを「ブリッジ関係」という．

グラノヴェッター氏はこの論文で，質問調査の結果を紹介している．頻繁に会う相手から情報を得た人はわずか9人（17%）であり，残りの45人（83%）は，たまにしか会わない，あるいはほとんど会わない弱いつながりの相手から得ていたそうである．情報の拡散を目指すには，強い関係であるコネクション経由の口コミを期待するよりも，SNSを使ったブリッジによる情報拡散のほうが機能すると言えそうだ．

熊本地震時のTwitterのツイートである「ライオン逃げた」なども，短時間で2万リツイートなど，その拡散力が話題となっていた．最近はRSSフィードも人気がない．2013年にGoogle Readerが，また2014年にはlivedoor Readerがサービス終了した．twitterfeedも2016年末でサービス終了である．情報収集もTwitterやFacebookなどのブリッジ系のものに変わりつつある．特にFacebookは実名率が84.8%と高く，ニュースソースとして信頼に足るものと受け止められている．

当初注目されたキュレーションは下火になり，がんばっているのは音楽分野ぐらいである．現時点ですでにニュースソースの主流がSNSであるということは，SNSをやっていない人は情報流出の心配がない反面，情報が偏る傾向にあると言える．どうしても，企業内で言えば経営幹部会とか社内報など，特定のコネクション経由のものになってしまうからである．

ところで，良い転職など，個人が発展していくにも弱い繋がりのほうが効果的だそうである．何も繋がりのない，たとえば人材紹介会社などを経由するのは不安という人は，ブリッジ関係をきっかけにするほうがよいであろう．著者も，思い返せばそうであったような気がする．

7-9. ソーシャル・センタード・デザイン

人間中心ではなく，社会を中心に考えるソーシャル・センタード・デザイン(SCD)．SCDは，HCD(ヒューマン・センタード・デザイン：人間中心設計）を拡張したもので，さまざまな社会課題や，社会の中での人と人との関係性などに着目し，関係者自らが主体的に解決を目指す取組みである．最近多くの企業や行政機関でこのSCDが実践されはじめている．

SCDは，2011年の東日本大震災を機に，地域復興や共助を追求するものとして日本国内で注目されてきた．元々は，不安定な社会環境の中での安心・安全や環境意識の芽生え，ユニバーサルデザインから発展したダイバーシティの問題（人種や年齢，性格，学歴，価値観などの多様性を受け入れること）などを踏まえたもので，サステイナブルな発展をするためのキードライバーとしての期待がある．また所属組織の垣根を越えて英知が集まるため，イノベーションも期待できる．

企業では日立製作所や富士通などが早くから取り組んでいる．これらの企業は，社会性を重視する中で先行提案型デザインを実践している．その中で，製品やシステムやサービスの価値追求に代わる新たな視点として，SCDに注力する意図がうかがえる．また，米IDEO社は，非営利組織であるIDEO org.が主体となり，人間中心設計のプラットフォームである「HCD Connect」を通じて，社会課題に取り組む場を提供している［28］．

社会課題は，元々は地方行政が主体的に取り組むべきものなのだが，大きな政府への危惧や公助だけでは回らない状況などから，共助の一環として取り組む必要性が指摘されてきた．そのような背景を踏まえるならば，行政政策の民主化であるとも言え，組織のあり方としてはスケールアウト的なものであるとも言える（2-10節を参考）．

最近では，行政機関が主体となり，政策提言に市民参加を促す形でオープンミーティングやワールドカフェを行うケースも出てきている．パイオニアである三鷹市を筆頭に，松戸市や横浜市などが積極的に取り組んでいる［29］．これなども広義の意味ではSCDであるが，テーマは公共公益的なものや福祉的なものに限られる．

一方で，注目すべきなのは，人と人のネットワーク的なアプローチである．この場合は，コミュニティ課題や個人的な問題から発展したものがテーマとなる．晩婚化やローカルコミュニティの衰退問題に対応した「街コン」などが有名である．

SCDはまだ新しい活動のスタイルであるが，ソーシャルな関係が重視される中，今後ますます増えてくると思われる．その中でも重要なのは，SCDが利益追求の場であるのではなく，自己の損失をかえりみずに他者の利益を図るような，利他的な活動の場であるということだ．

ポイント

001. 感性価値は高次の意味解釈を伴う．また感覚的な解釈とは分けて考えるべきである．
002. 進歩が鈍化することをイールームの法則という．
003. ポケモンGOは，コンテンツも含めて仕組みをいかに作るかが重要である．
004, コンテンツとは，製品やシステムやサービスの提供側が顧客へ伝える情報のすべてである．
005. ウーバライゼーション（Uber症候群）とは，アウトサイダー企業による秩序の破壊のことである．
006.「カワイイ」とは，志を1つにした仲間（ポッセ）などハイコンテクストな状況下で使われるポッセワードである．
007. ソーシャル・センタード・デザインは利他的な活動であるべき．

参考文献

7-2

［1］ モードの体系：http://overkast.jp/2012/06/mode2/

［2］ 製薬企業の生産性減衰，イールームの法則を診断するCDDO提案：http://medicinalchemistry.blog120.fc2.com/blog-entry-753.html

［3］ COMPUTEX出展中のBluetoothスピーカーあれこれ：http://gigazine.net/news/20160602-levelone-speaker-ct2016/

［4］ 宙に浮かぶスピーカー：http://gigazine.net/news/20150304-air-speaker/

7-3

［5］ http://www.j-cast.com/2016/07/29273981.html, http://hbol.jp/103292

［6］ ハイプ・サイクル：https://ja.wikipedia.org/wiki/ハイプ・サイクル

［7］ ポケモン運転，摘発71件，人身事故も4件，各地でトラブルも，警察庁：http://www.sankei.com/affairs/news/160725/afr1607250021-n1.html

［8］ 濡れ衣を着せられたポケモンたち：https://www.gizmodo.jp/2016/07/post_664869.html

［9］ 「歩きスマホを心配する視覚障害者が大勢います」日本点字図書館が呼びかけ：http://www.huffingtonpost.jp/2016/07/25/pokemon-go-nittento_n_11175976.html

［10］「歩きスマホ」やめて！警視庁が新宿駅で呼びかけ：http://www.sankei.com/affairs/news/160722/afr1607220015-n1.html

［11］ ポケモンGOは正しくプレイしよう！ 政府が注意喚起のツイート：http://www.gizmodo.jp/2016/07/go_4.html

［12］「交通事故より地震が怖い」現実と感覚にリスクのギャップあり：http://wedge.ismedia.jp/articles/-/4482?page=1

［13］「ポケモンGOは監視資本主義だ」オリバー・ストーン監督が警告：http://www.huffingtonpost.jp/2016/07/25/pokemon-go-oliver-stone_n_11175022.html

［14］ ポケモンGOに興じる人を「心の底から侮蔑します」やくみつるさんが持論：http://www.huffingtonpost.jp/2016/07/25/yaku-talks-about-pokemon_n_11175370.html

［15］ 高須克弥院長，ポケモンGOに否定的なやくみつるさんを「気の毒に思います」：http://www.huffingtonpost.jp/2016/07/26/takasu-talks-about-pokemon_n_11191486.html

［16］「ポケモンGO」のビジネスモデル―仮想と現実が混じる時代のゲームの稼ぎ方：https://wired.jp/2016/07/26/pokemon-go-busi

ness/
[17] ポケモンGOで，ポケモンが捕まえやすくなるiPhoneケースが登場！：https://www.lifehacker.jp/2016/07/160727gizmodo_mediagene.html
[18]「ポケモンGO(Pokémon GO)」のサーバーが落ちているかどうかがわかるサイトまとめ：http://gigazine.net/news/20160725-pokemon-go-server-status/
[19] 私たちが思い描いた未来は，ポケモンGOだった？：http://www.huffingtonpost.jp/cristian-martini-grimaldi/pokemon-go_b_11132402.html
[20]「応援させてほしい」ポケモントレーナーに転職した青年に，世界中からオファー殺到：https://tabi-labo.com/272597/pokemon-go-3
[21] ポケモノミクス ポケモノミクスの巨大潜在力：http://toyokeizai.net/articles/-/128558
[22] 温泉地で集めて割引サービス：http://sp.kahoku.co.jp/tohokunews/201607/20160726_53014.html

7-5

[23] 情報処理学会の「ソフトウェアジャパン2007」での講演とパネルディスカッション（2007年1月）
[24]「ユーザーの事前期待がサービスの在り方を決定する〜サービスの定義」諏訪 良武（2007）：https://enterprisezine.jp/iti/detail/183
[25] サービスのプロセスとして，提示から利用そして料金の回収までを，バックヤードの機能なども含めて関係図にまとめたもの．品質工学的な側面が強い．1984年，Lynn Shostackによる．
[26] 第10回サービスデザイン・グローバル・カンファレンス（参考）：https://www.service-design-network.org/chapters/sdn-japan/headlines/service-design-global-conference-2017
[27] 1990年初頭に米スタンフォード大等で言及され始め，IDEOによってビジネスへの活用が提唱された．経営課題にデザインの思考方法をあてはめて課題解決しようという試みである．

7-9

[28] IDEOが人間中心設計の活動プラットフォーム“HCD Connect”を始動：http://frad-jp.blogspot.jp/2012/04/ideohcd-connect.html
[29] 市民参加の事例から「参画」のあり方について考える：http://www.humanvalue.co.jp/hv2/insight_report/articles/post_65.html

第8章

優れたUXのデザイナーを目指す

本章では，優れたデザイナーになるための行動指針や気持ちの持ちかた，企業内での振舞い，育成などについての知識や知恵を解説する．

8-1. デザイナーの行動指針「三気力」について

優れたUXのデザイナーは，専門能力を高めるだけでは駄目である．一生懸命に研修やセミナーに参加しても，知識は身につくが，武器にはならない．では実務を経験すればよいかというとそうでも無い．実務を行う場が，“最高の現場”とは限らないからである．専門職についてまだ日が浅い人であれば，誰の下につくか，メンター（mentor，新人などを指導する熟練者のこと．8-5節を参照）は誰かなどで，大分違ってくる．

どんな現場でも，メンターが誰でも，担当する仕事が何であれ，日頃の行動を大事にすることで質の高い成長につながる．専門知識の習得にも良い影響を与えるであろう．その行動を大事にするということは，行動指針を課すことである．

企業では，年度方針を決める中で，マネージャーがその年における自組織の行動指針を定めることがある．以降は，著者が過去，マネージャーとして策定した，ある年の行動指針である．これを，デザイナーに向けた行動指針として再構成してみる．

行動指針のスローガンは「三気力」という．三気力とは著者の造語で,「気づき」「気配り」「気概」の“3つの気の力”を意味する．この“3つの気の力”を意識して行動することで自分を律することを求めたものである．気づきや気配り，気概そのものは，何もデザイナーだけに求められるものではないが，優れたデザイナーになるためにはとても重要である．

気づき

まず「気づき」であるが，たとえばエスノグラフィ調査を実施する中で，インサイトを洞察するには，気づく力としての「感性」がとても大事である．洞察は経験だけで養えるものではなく，気づく力に負うところが大きい．感性が弱い人は，当然気づくべき潜在ニーズも見逃してしまう．

読者の皆さんが最近感動した経験や体験（以降，感動体験とよぶ）はいつ頃であろう．感動はすればするほど感受性（感性）が豊かになり，人生も実りのあるものになるという．もちろん，仕事にも良い影響がある．感受性あるいは感性の意味としては，感覚受容器官が受けた外界からの刺激を，自分の記憶に照らして自己組織化し，創発する能力であると言える（図8-1-1）．

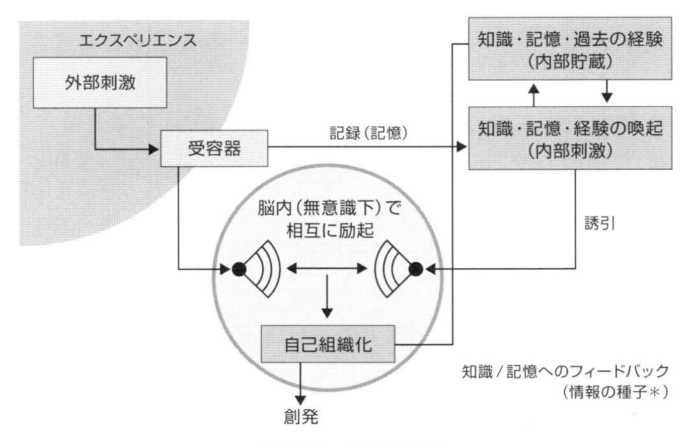

図8-1-1　感性モデル

あえて区別すれば，前者の感受性はその感覚によって情緒的感情を起こす能力のことで，情緒に重みがあるそうだ．そして後者の感性は，その感情を理性により転換する能力で，理性に重みがあるそうだ［1］．理性で転換するためには，経験からくる知恵や冷静な判断などが必要となる．これが，感性は年齢と共に豊かになると言われるゆえんである．一方「感覚」は，もっとも優れた（敏感な）時期は10代後半から20代前後までという．感性と感覚は明らかに違うのだ．

感受性なり感性は，意識的に強化できる．理屈や先入観なしに良い絵画を観たり，良い生の演奏を聴いたりするのがよいという．演劇などは最高だろう．要は，良い芸術作品を観たり聴いたりしたときに，なんだかよく分からないものを受け止めようとすることが重要だ．

他にも，「日体大の集団行動」や「駒ケ岳山頂から富士山を見たとき」などは感動する．感動は感覚受容器を刺激し活性化するので，感受性が強くなり感性も豊かになる．たまには仕事を忘れて，感動体験を持つようにしてみることはよいことだ．感動体験が得られる機会は次のようなものとなる．

- **質の高い芸術（演劇・美術・オペラ・歌舞伎など）を鑑賞する．**
- **優れた人工物（特に建築など空間的なもの）に触れる．**
- **大規模公園，水族館，動物園など，普段行かない場所を訪れる．**
- **大自然の中でスポーツやレジャーを楽しむ，など．**

つまり，日常生活から離れて質の高い余暇を楽しみ，感動体験の中で良い刺激にたくさん触れることで，感性も刺激され高まると言える．

また感性は，5-3節でも述べたが，状況を読み取る嗅覚にもつながる．ここぞと見定めて全力を出し切るのも，感性で状況を見極めてこそ効果があるのだ．よく「◯◯という発想は良くないよ」などということがある．物事の捉え方や解釈などを問題にしているのだが，この場合の物事を感じ取る「センス」も感性の一部である．

タレントのIKKO氏は，「思いどおりにならないところで生まれる感性と，思いどおりになるなかで生まれる感性」ということを述べている［2］．また，個性は，周りとは違う感性を選ぶ（焦点を当てる）ところから生まれると言い，モダンなものを求める風潮の中ではあえて古典に触れてみるとか，“人と違う行動”を奨励している．これなども「気づき」に属する選択ではないか．

気配り

これは調停役割として求められるものである．UXデザインには関係者が多く，調整が必要となる局面もたくさんある．

2020年の東京オリンピック招致活動で，「おもてなし」が時代のキーワードとして一躍有名になった．日本的なホスピタリティ（hospitality）である「おもてなし」は，その意「親切にもてなす」を超えて，非常にハイコンテクストな関係を醸成する．欧米型のホスピタリティには型があり，接客マナーのような形で伝承が可能である．日本でもお茶などには型があるが，基本が人にあるので，型だけ覚えればよいというものではない．

日本的なホスピタリティである「おもてなし」と，「欧米型ホスピタリティ」の違いは，ここにあると考える．つまり人を中心としているから，「気配り」や訪問者を敬う気持ちが不可欠なのである．特に気配りには，ときには型を飛び越えて「おもてなし」をすることも，許される力を感じる．

「おもてなし」を“感動のサービス”として昇華させたのが，リッツカールトン・ホテルである．ホテルのプライベートビーチでプロポーズしたい男性の頼みに，花束を用意したりひざまずく男性の足元の位置にバスタオルを置いておいたり，ホテルの従業員総出で「おもてなし」をした話は有名である．

日本の自動販売機は，缶を補充する飲料メーカーの人が一つひとつ向きを揃えて入れているので，右手で取ると必ず飲み口が上になるようにセットされているようだ［3］．これなども気配りの1つであろう．

ところで，開発プロセスを有効に機能させるためには，「次工程の人がスムーズに仕事ができるように考えろ」という戒めがある．皆が「次工程」を考えれば，自然とスムーズな開発ができるという意味だ．自工程のことだけ考えて読みにくい資料を提出したり，意味不明な提案をしたりすると，次工程の人が悩んでしまう．期日までに要求をまとめず，システム要件定義を見切り発車すると，後で必ず手戻りになる．無駄排除のためにも次工程への気配りは欠かせない．

室や課やグループ内でも，メンバー間で協力し合うのは，同僚への思いやりと同時に気配りもないといけない．お互いに気を配れば，集合知で人数以上の成果も生まれ，乗り越えられるのだ．

気概

UXデザインとは，大変困難な仕事である．この困難な仕事をこなすためには「気概」を持つことが重要となる．気概とは，熱意のある行動，最後までやり抜く強い意志である．ユーザーを知り，良い経験を考え，エクスペリエンス・マップなどで可視化し，プロジェクト・チームに伝え，必要なサービスなどを企画開発する．これらを期間内にやり抜くためには，気概は必要不可欠だ．

先の3-2節のHCD専門家の事例では，良い面と共に懸念についても述べたとおりである．所属企業の中で認知されるには，UXデザイン組織の設立段階で，気概のある行動が必要である．多少オーバーロードになろうとも，成果を一つひとつ積み上げていく努力が大切であり，気を抜くなどは本来は論外である．関連部門のキーマンから1人でも多く支持者を増やし，「あそこ（UXデザイン組織）へ頼めば大丈夫（ユーザーが喜ぶ製品ができる）」との認識を得るよう日々気概のある活動をし，優れた業績に繋げてもらいたい．

8-2. 気持ちを高める

バイブ(Vibe)という言葉がある．バイブとは，気持ち(feelings)，雰囲気（atmosphere）など，言葉がなくても伝わってくる場のムードや心の中や考え方といったことを意味する．元々はレゲエやヒップホップ音楽の用語で，「ノリ」「気合い」「フィーリング」「雰囲気」などを表す．

英語では，Vibesと複数形で使われることが多い．実際に使用される際の意味合いは漠然としており，「いいバイブス」（いい雰囲気，ノリがいい），「バイブス上がってきた」（気分が高揚してきた）といったものだが，いい意味でも悪い意味でも使われ，そのときのテンションを表現しているので，日本語では基本的に「上がる」「下がる」で表現する．

他に「バイブスが高い」や「バイブスを上げる」など．「バイブスUI」と行ったら「感じのよいUI」の意味となる．2013年6月の「踊る!さんま御殿!!」（日本テレビ）でギャル語として取り上げられて注目され，世間的に認知されるようになったようだ[4]．ただ正確に言えば，ギャルが生み出した言葉ではなくれっきとした英語で，海外サイトを見ていると，実際に，Vibes JobとかVibes BrandとかVibes Appなどが出てくる．

要は，その時々のメンタルの状態を表すので，「今日は気分がいい」のように気軽に使われる場合が多い．また，元々がレゲエ仲間で使われ始めたこともあるので，日本語のカワイイと同じようなポッセワード[5]であるとも言える(ポッセとは仲間/コミュニティの意味．7-7節参照)．

ある人によると「バイブスは伝染するので，バイブスの高い人に会うと刺激を受けて自分のバイブスも上がる」という説もある［6］．また「バイブを上げる18の方法」では，運動をするとか，友人知人と話をするとか，ノリでちょっと変わったことをするなど，行動のヒントが書かれている［7］．

さて，ここでUXデザインとの関係であるが，前節の行動指針に対してこちらはセルフ・マインド・コントロールというようなものとして捉えるとよい．仕事の内外での気持ちを高めることで，良い成果も生まれ，良い関係も構築できる．ノリがないと越境（分野を超えて連携すること）など難しいかもしれない．ノリがあれば感覚受容器も刺激されるので，感性を高めることもできるであろう．UXデザインの手法そのものではなく，手法の選択や実施方法を工夫し，チーム全体のノリを生むこともチーム貢献である．街に出てエスノグラフィを行うときはさりげないお洒落をしてみるとか，調査直前には，調査の目的や留意点などを確認し，調査後は直ちにデブリーフィングするなど，形式的にではなく，ノリを考えた実施が望まれる．

ちなみに，デブリーフィングは必ず当日の調査終了後1時間以内に行ってもらいたい．調査終了直後にカフェにでも寄り，簡単な簡易報告会形式で行うのがよい．デブリーフィングにより新たな気づきもある．1時間を超えると，記憶も曖昧になり，大事なことを見逃すことになるので，直後をお勧めする．

ポイント

001. デザイナーの行動指針「三気力」：気づき・気配り・気概の「3つの気の力」である．
002. 気づきは，エスノグラフィ調査でインサイトを洞察することでもある．
003. チーム内で気配りがあれば，集合知で人数以上の成果も生みだすことができる．
004. 気持ちを固め前向きになることで良い成果も生まれる．

8-3. 企業の中でこそのイノベーター

HCD-Netフォーラム2016の基調講演で，株式会社リ・パブリック共同代表の田村大氏は「シリアル・イノベーター」という概念を提唱していた．イリノイ大学工学部で生まれた概念だそうだ［8］．大企業の中で自分の専門性を絶え間なく刷新しながら，連続的に（シリアルに）イノベーションを起こせる人のことを指す［9］．アメリカにあってシリコンバレー型ビジネスへの対抗軸を示すものとも言える．大企業はイノベーションに資するリソースの宝庫であるという考えの下，シリアル・イノベーターはあえて企業の中で多くの役割を一気通貫し，新たなマーケットを創出する．

役割を要約すると「重要な課題を解決するアイディアを発想し，その実現に欠かせない新技術を開発し（もしくは結びつけ），企業内の煩雑な手続きを突破し，画期的な製品やサービスとして市場に送り出す人」である．部門内でできるのは技術開発チームを設置するとか新規事業の企画を練るメンバーをアサインするというところまでで，実際には異なる部門のキーマンを結び付けなければならない．

田村氏は，社歴の浅い入社10年目位までの若手の中で稀有な人材を見つけ，経験させるのがよいと言う．30歳前後が期待の星だ．そしてデザイナーは，顧客を起点に経験を総合的に考える立場から，シリアル・イノベーターになりうるし，期待も大きいと考える．

第3章でも述べたことであるが，社内のネゴシエイション活動で必要なのは，専門知識とか専門能力ではなく，連携力や感性である．専門知識を養うよりも，連携力や感性を養ったほうが調停を行うには効果的であり，戦略的なアプローチであると言える．デザイナーも専門能力ばかりに注力しないで，連携力や感性を養う必要があることを忘れないでほしい．

連携力とは，人と人を結びつける力，連携を深めることのできる力である．その意味では，人望を集めるような人間であってほしいし，優しさや思いやりなど，人間としても基礎となる部分も大事である．

8-4. イノベーションは イノベーティブな発想で

イノベーションは定義できないと言われる．クレイトン・クリステンセン（Clayton Christensen）氏らは『イノベーションのジレンマ』の中で，イノベーションの種類について言及した［10］．イノベーションには破壊的なものと持続的なものとがあるという．前者はいままでのトレンドを大きく打ち破るもので，後者はトレンドに沿って改善を加えるものである．しかしこれらはイノベーションにおける2つの種類を述べただけであった．

イノベーションを定義しても，すぐ行動に繋がるわけではない．ではどうすればよいかというと，「イノベーティブな発想」を定義し心がけることだという［11］．イノベーティブな発想の特徴とは次のようなものである．

1. 見たこと聞いたことがない．
2. 実行可能である：実現できなければファンタジーであり，意味がない．
3. 批判を生む：明確に反対派がいなければならない（新しいアイディアは常に反対される），など．

このような発想ができるようになるには，普段から意識的に取り組んでみる必要がある．たとえば，「桃太郎を破壊する」というテーマで，桃太郎を題材にランダムなアイディア出しをしてみる．

- 桃から生まれずに木から生まれる．
- 川から流れて来ないでロケットでやってくる．
- 桃太郎チームではなく単独行動したらどうなるか．
- 勧善懲悪（善を勧め悪を懲しめる）ではなくグレーなもの

として考えて見たらどうか，など．

「写真を撮らないカメラ」というのが画像診断装置だったりするわけだ．このようなものをブレインストーミングの前に，頭の体操として行うのはどうだろう．クリステンセンらは，「ユーザーの達成したいコトで考えろ」と言っている．コトはつまり経験である．たとえば「カメラライフ」などという虚構を無理に作り出すのではなく，ユーザーの達成したいことを正面から考え，カメラについて，前述した「イノベーティブな発想」によるアイディア出しなどをしてみると，よいかもしれない．

8-5. UXデザインのメンタリング

メンタリング（mentoring）とは，職場で，メンターが新人などの未熟練者を指導することである．良いメンターは，新人を早期に戦力として定着させる．UXデザインがようやく認知され始め人材も増えている上，デザイン思考も普及の兆しがある．そんな中で，熟練者とはいえない人が突然メンターに指名されたりする場面もあるであろう．そのような状況を踏まえて，UXデザインの優れたメンタリングというものについて考えてみる［12］．

UXデザインのメンターは，何も職場の先輩に限定する必要はない．親，友人，大学教授など，その時々で優秀な人をメンターとすればよい．個人的にお願いするか，一方的にメンターと認識して，質問や指導をお願いしてもよい．出身校の恩師などはかなり親身になって接してくれると思うが，友人・知人だとそう時間は取れないかもしれない．もしも多くの時間を割かせてしまう場合は，対価として支払う費用も検討すべきである．メンターの役割は，メンティー（指導を受ける本人）に対して的確にアドバイスしTPOに応じたサポートを実施することなので，そのようなことが可能かどうか，人柄なども考慮して人選することになる．

メンタリングの期間は，職場の新人であれば1年間程度．またキャリアのある人が配置転換した場合などは数カ月程度．中途入社で企業カルチャーを集中して学ぶ場合などは数週間程度．UXデザインの専門知識や手法については，数カ月間の実践を通じた指導（On the Job Training：OJT）や集中講義や研修などの形式となる（セミナーは時間が限られていて，講義後の質疑の時間も十分取れないため，メンタリングには向かない）．メンタリングの期間は目的に応じて必要な長さを設定してほしい．

UXデザインとしてのメンタリングの対象は多様だ．主なものは次のとおりである．

a. コミュニケーションスタイル
b. 目標設定や行動計画
c. 一般的なビジネススキル
d. UXデザイン業務の遂行方法（HCDプロセスとの関係など）
e. デザイナーとしてのキャリアプランと実践方法
f. UXデザインの専門知識や手法
g. 英語会話に関するもの，など．

a～dは，職場の先輩が向いている．e～fは，出身校の恩師などにお願いするか，集中講義などを検索する．gは，UXデザインに精通している人がよいので，業界内で然るべき人を探すことになる．職場に英語に堪能なデザイナーがいればその人がよいであろう．

優れたメンタリングとはどんなものか，次にまとめてみる．

1. **目標や学習スタイルについて事前に確認する．**
2. **事前にメンターとメンティー（指導される対象者）双方の**

期待を擦り合わせる.

3. メンティーに関心を持ち良い人間関係を築く.
4. 指導を一方的に押し付けない.
5. 感情をコントロールし，適切な質問を行う.
6. メンティーに対してオープンマインドで接し，先入観を持たない.
7. 過去の自分の失敗やミスを共有する.
8. 成果をあげたメンティーに最大限の祝福を送る.
9. 外部の知識や学習機会を探し，教える.
10. メンタリング期間以降もサポートを継続する.
11. すべてをリードするつもりで行動する.

3については，メンティーから週末を楽しく過ごしたことを聞いたときなどは，指導をやめてしばらく雑談する．5は，質問で次の行動を考えさせるようにする．初めから答えを教えず，考えを引き出すのも大事である．7は，メンティーに対して最高の贈り物であると言える．積極的に共有する．11は，技能や専門知識以外にも価値観や倫理観なども含めてすべてを教えるつもりで臨むこと．たとえば，エスノグラフィ調査の際に，訪問先への謝意の示し方など，書籍に載っていないことを教えることは，メンタリングの重要な役割である．

ポイント

005. イノベーションを起こすには，イノベーティブな発想を重視し，日々訓練する.

006. 30才前後のデザイナーがシリアル・イノベーターとしては有望.

007. イノベーションするのではなく，イノベーティブな発想をする，と考える.

008. 職場や習い事，社内外など，目的や内容に応じて複数のメンターを持つようにすると，多様な知見が得られ，効果的である.

参考文献

8-1

［1］「感性」と「感受性」の違いって？：http://soraironobudousyu.blog.fc2.com/blog-entry-342.html

［2］2017年の横浜美術大学での特別講演会にて

［3］「自販機」を持つ人の知られざる儲けの仕組み その歴史の深さと意外なる事実を紡ぐ蘊蓄：http://bit.ly/2ErrSH0

8-2

［4］コトバンク https://kotobank.jp/word/バイブス-191083，よく聞くことば「バイブス」ってどんな意味？：https://www.studiorag.com/blog/fushimiten/vibes?disp=more

［5］カワイイ・サブカルチャー：https://hidematsubara.wordpress.com/2013/08/28/%E3%82%AB%E3%83%AF%E3%82%A4%E3%82%A4/

［6］バイブスを上げる方法：http://etounomousou.hatenablog.com/entry/2016/06/07/150509

［7］18 Ways to improve your vibe：http://street-attraction.com/18-ways-to-improve-your-vibe/

8-3

［8］ブレイクスルーイノベーションの流儀：http://bizzine.jp/article/detail/765

［9］複数のイノベーションを連続的に起こす「シリアル・イノベーター」とは？：http://u0u0.net/us3Y，amazon『シリアル・イノベーター ―「非シリコンバレー型」イノベーションの流儀』：http://u0u0.net/us5r

8-4

［10］『イノベーションのジレンマ』（翔泳社，1997）

［11］『ハーバードビジネスレビュー誌 2017-1月号』P120，濱口秀司

8-5

［12］How to Be an Amazing Mentor：https://blog.hubspot.com/marketing/mentor-tips-positive-impact

索引

著者紹介

松原 幸行（まつばら・ひでゆき）

美術専門学校を卒業後，パイオニア株式会社，富士ゼロックス株式会社のデザイン部門を経て，2006年にキヤノン株式会社 総合デザインセンターに所属し，アドバンストデザイン室などのマネジメント職に従事．

メーカー勤務と並行して，2004年にNPO法人 人間中心設計推進機構（HCD-Net）の設立に加わり，以後，理事としてHCDの普及に努めている．2009年にHCD認定専門家資格を取得．2018年6月に理事を退任．UXライター．

教員歴

青山学院大学大学院，非常勤講師（1997～2004年）

NPO法人 人間中心設計推進機構（HCD-Net）での活動

2004～2017年　HCD-Netの設立に参画し，同年より理事・広報社会化事業部副事業部長
2012～2016年　副理事長
2012～2016年　SF映画SIG 主査
2015～2017年　事務局長
2014～2018年　アウォード表彰委員会 委員長

その他

● CRXプロジェクト（発起人，1995～2012年）
● TC159 SC4/WG6に所属しISO 13407規格制定に参加（1999年発行）
● ISO/IEC 24755（モバイルアイコン）エディター（2007年発行）
● HCDライブラリー（近代科学社）編集委員

著書

●『ヒューマンインタフェース』（共著，オーム社，1998年）
●『ユーザビリティハンドブック』（共著，共立出版，2007年）
●『SF映画で学ぶインタフェースデザイン アイデアと想像力を鍛え上げるための141のレッスン』（共訳，丸善出版，2014年）
●『HCDライブラリー第0巻 人間中心設計入門』（共著，近代科学社，2016年）ほか

受賞歴

●「Fuji Xerox 8080 J-StarII」で日本グッドデザイン賞部門別大賞受賞（1988年）
●「CRX Projectの活動」でグッドデザイン賞特別賞受賞（2000年）ほか

実践UXデザイン
—現場感覚を磨く知識と知恵—

2018年7月31日　初版第1刷発行

著　者　松原　幸行
発行者　井芹　昌信
発行所　株式会社近代科学社

〒162-0843　東京都新宿区市谷田町2-7-15
電話　03-3260-6161　振替 00160-5-7625
http://www.kindaikagaku.co.jp

大日本法令印刷　ISBN978-4-7649-0569-6
定価はカバーに表示してあります．